KB059572

Chocolate

초콜릿

1판 1쇄 인쇄 2022년 11월 25일
1판 1쇄 발행 2022년 12월 12일

지은이 이종태 · 황인희
펴낸이 김성구

책임편집 황인희
디자인 박정미
마케팅부 송영우 어찬 김하은

펴낸곳 (주)샘터사
등록 2001년 10월 15일 제1-2923호
주소 서울시 종로구 창경궁로35길 26 2층 (03076)
전화 02-763-8965(콘텐츠본부) 02-763-8966(마케팅부)
팩스 02-3672-1873 | 이메일 book@isamtoh.com | 홈페이지 www.isamtoh.com

ISBN 978-89-464-2228-5 12590

- 값은 뒤표지에 있습니다.
- 잘못 만들어진 책은 구입처에서 교환해 드립니다.

샘터 1% 나눔실천
샘터는 모든 책 인세의 1%를 '샘물통장' 기금으로 조성하여 매년 소외된 이웃에게 기부하고 있습니다.
2021년까지 약 9,400만 원을 기부하였으며, 앞으로도 샘터는 책을 통해 1% 나눔실천을 계속할 것입니다.

초콜릿

이종태·황인희 지음

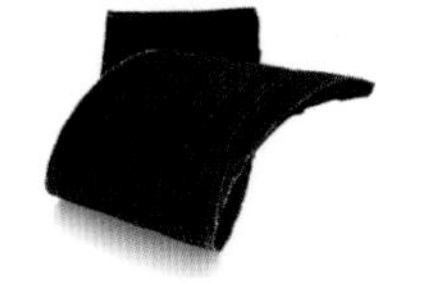

샘터

시작하며

초콜릿의 유혹

20대에 만났던 어느 미국인 친구가 말했습니다.

“여자 친구와 첫 데이트 날에는 장미를 들고 가고, 그 여자와 사랑을 나누고 싶으면 초콜릿을 선물해라.”

지금껏 그 친구의 충고가 효과를 발휘하는 걸 수없이 많이 봤습니다. 최소한 제 주변에서 만큼은. 꽃이 눈과 향기의 호사라면 초콜릿은 당연히 맛의 향연입니다. 아주 오랜 세월동안 초콜릿은 치료약이었습니다. 슬픈 이에게는 위로를, 지친 사람에게는 활력을 되찾아 주었고, 사랑하는 사람에게는 서로의 사랑을 확인하고 고백하는 결정적인 수단이 되어왔습니다.

딱딱하게 굳어 있던 초콜릿이 입속에서 달콤하고 따뜻한 액체로 변화되는 과정은 마치 처음 만났던 우리의 관계가 눈 녹듯 장애물이 허물어지는 것과 닮았습니다. 그런데 신의 음식, 신의 선물이라고 하는 이 초콜릿이 언제부터 지금의 모습을 갖추게 됐고, 또 어떻게 사랑의 수단으로 발전했을까요? 또 앞으로 어떻게 변해서 우리를 더 놀라게 할까요? 저희는 너무나 궁금했습니다.
확신합니다. 만약 단테가 피렌체에서 우연히 마주친 베아트리체에게 한 조각의 예쁜 초콜릿을 선물했더라면 영혼의 여성으로 남지 않고 분명히 단테의 여주인이 되었을 것이라는 걸.

이종태 · 황인희

* 本情 표시가 있는 항목은 저자 이종태의 글입니다.
* 이 책에 실린 사진들은 본정초콜릿에서 제공했습니다.

Contents 차례

Chapter 1

사랑과 위로의 아이콘, 초콜릿

초콜릿은 사랑이다. 초콜릿은 수많은 사람의 오감에 감미롭게 스며들어 행복을 선사한다. 초콜릿은 헌신이다. 거침없이 자신의 몸을 녹여 본래의 모습을 버리고 새로운 모습으로 태어난다. 초콜릿은 포용이다. 그 어떤 다른 재료와도 너그럽게 어울려 감쪽같은 조화를 이룬다. 초콜릿은 위안이다. 거친 세상에서 피곤에 지친 우리를 부드럽게 위로하고 토닥여준다. 초콜릿은 치유의 도구이다. 초콜릿을 먹는 동안은 세상의 수레바퀴에서 치여 입은 상처와 괴로움을 잊을 수 있다. 초콜릿은 지조이다. 그 어떤 모습으로 변해도 초콜릿의 이름을 변함없이 간직한다. 초콜릿은 당당한 사랑의 고백이다. 초콜릿은 사랑의 묘약이다. 나는 오늘 나에게 초콜릿을 선물하려 한다. 이는 나에게 사랑과 위로를 보내는 작은 최선이다. 나는 오늘 당신에게 초콜릿을 선물하려 한다. 이는 내가 당신을 사랑한다는 이 세상에서 가장 분명한 메시지이다.

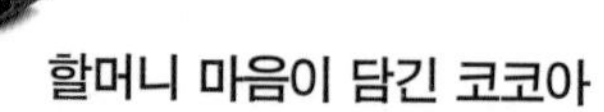

할머니 마음이 담긴 코코아

"

Reminiscent of childhood memories, luxury, sweetness, chocolate is more than just a food – it is therapy.

"

- Christelle Le Ru

어린 시절의 추억을 떠올리게 하는 고급스러움,
달콤함을 지닌 초콜릿은 단순한 음식이 아닌 치료이다.

외할머니에게는 이상한 버릇이 있었다. 가끔 맥락과 상관없는 느닷없는 말씀을 하시는 거였다. 그건 주로 나와 대화를 하다가 할머니가 불리해지면 나오는 일종의 작전이었다. 이를테면 이런 거다. 초등학교 2학년 때인가 친구 집에 놀러 갔다가 장조림 달걀을 먹었는데 난생 처음 먹어보는 맛있는 음식이었다. 나는 집에 돌아와 할머니께 이름도 모르는 맛있는 음식에 대해 열심히 설명했다. 나는 할머니가 "그래? 우리도 해 먹자. 내가 해주마"라고 하실 것을 기대했다. 그런데 내 기대와 달리 할머니는 별거 아니라는 듯 심드렁하게 말했다.

"그거? 장조림 달걀이야."

나는 화가 났다. 그렇게 별거 아닌, 이미 알고 있는 음식이라면 할머니는 왜 이제껏 내게 만들어주지 않았던 걸까? 나는 할머니가 이미 알고 있는 음식이라는 걸 인정하기 싫었다.

"아냐, 그거 아냐. 특별한 음식이란 말야."

"그거 뱀 알일지도 모르니까 밖에서 아무 거나 먹지마라."

할머니가 던진 이 엉뚱한 한 마디는 나의 말문을 막고 말았다. 할머니는 그런 식이었다.

갓난아기일 때부터 외할머니는 아픈 엄마 대신 나를 길렀다. 내가 조금 자란 후에도 나는 할머니 손에서 자랐다. 엄마는 1년에 절반 이상을 아버지 임지에서 지냈고 늘 몸이 아파 나를 돌볼 겨를이 없었다. 게다가 나는 건강하고 공부 잘하는, 말썽 없는 아이였으니 엄마는 나를 완전히 잊은 듯했다.

비 내리는 2월과 같이 을씨년스럽고 우중충하던 나의 어린 시절, 그중 가장 서러운 날은 우산 없이 학교에 간 날이었다. 그런 날 하교 시간이면 복도 창문 밖으로 엄마나 할머니 등 우산을 가져온 보호자들의 모습이 보이기 시작한다. 하지만 우리 엄마나 할머니는 단 한 번도 우산을 가지고 나를 데리러 학교로 온 적이 없다. 심지어 집에서 학교까지 거리도 멀었다. 등하굣길 버스를 타고 다녔던 나는 늙은 할머니가 그렇게 멀리 못 온다는 것도 알고 있었다.

그런 날이면 아이들이 엄마나 할머니가 가져온 우산을 쓰고 함께 집으로 간 후까지 나는 아무도 없는 교실에 남아 있었다. 비가 그치기를 기다리며, 오지 않을 걸 알면서도 할머니가 나타나길 기다리며 창밖을 하염없이 쳐다보고 있었다. 비에 젖은 텅 빈 운동장처럼 내 마음이 눈물에 젖어 허전하게 비어버리는 날이었다.

비를 맞고 홀딱 젖어 집에 들어오면 할머니가 수건을 들고 나와 나를 닦아주며 말했다.

"내 강아지, 비 맞고 왔는가?"

내가 비 맞고 올 거라는 건 할머니도 이미 알고 있었을 것이다. 그런데 마치 모르고 있었다는 듯 그렇게 말하다니, 나는 화가 났다.

"할머니, 우산 가지고 학교로 좀 오지. 나 우산 안 가져간 거 알았으면서."
안 된다는 걸 뻔히 알면서 놓아보는 어깃장이었다. 할머니는 내 말에는 대꾸하지 않고 코코아 가루와 뜨거운 물을 가져와 내 앞에 코코아를 타기 시작했다. 초콜릿 색 직육면체 캔에 들은 미제 코코아 가루를 한 숟가락 듬뿍 덜어 컵에 넣고 거기에 뜨거운 물을 부은 후 숟가락으로 코코아 가루가 다 녹도록 저으면서도 할머니는 말이 없다. 다 저은 후 할머니는 김이 모락모락 나는 따끈한 코코아를 내 앞으로 슬그머니 밀어놓았다.
"할머니이~, 내 말은 안 듣는 거야?"
"너 애기 때 니 아부지가 미제 비락 분유를 떨어지지 않게 사왔니라. 지금은 국산 분유도 많지만 그때는 비락 분유밖에 없었니라. 정해놓은 양이 너무 적은 것 같아서 그 양의 두 배를 타서 먹여도 너는 잘 먹고 쌕쌕 잘 자고 배탈도 안 났니라."
외할머니가 이렇게 엉뚱한 말을 하는 건 자신이 불리해졌으니 주제를 바꾸고 싶다는 얘기다. 그럴 때 김이 모락모락 나는 코코아를 밥숟가락으로 젓는 할머니의 주름진 손을 보고 있노라면 최면에 걸린 듯 맥없이 할머니의 뜻에 따르게 되었다. 그때 할머니가 타주던 초콜릿 색 캔의 코코아와 비락 분유가 같은 회사 제품이었는지는 지금도 잘 모르겠다. 하지만 할머니는 미제 코코아 캔을 보면 비락 분유가 떠올랐던 모양이었다. 지금 생각해보면 아이 아빠가 분유 사오는 건 당연한데 할머니는 왜 그걸 그렇게 고마워했을까? 어쨌든 할머니는 감사의 마음으로 나를 기른 것이다.
그렇게 비를 쫄딱 맞고 집에 와 따끈한 코코아를 마신 후 노곤해진 나는 할머니 팔을 베고 낮잠을 자곤 했다. 할머니 품에서 잔 낮잠 덕분인지 코코아 덕분인지 아니면 할머니의 엉뚱한 얘기 덕분인지 자고 일어나면 서운함은 가시고 텅 비었던 내 마음은 다시 충만해지곤 했다.

"

When you feel sad and grief, you just need to eat a little of chocolate or wait a while.

"

- Tommaso Landolfi

슬플 때나 고통스러울 때 초콜릿을 조금 먹거나 잠시 기다리면 됩니다.

덴마크의 실존주의 철학자 키르케고르는 절망이 '죽음에 이르는 병'이라고 했다. 절망이 어떻게 사람을 죽음에 이르게 하는가는 트래비스 파인 감독의 영화 '초콜릿 도넛'에 잘 나타난다. 이 영화는 실화를 바탕으로 제작되었다고 하는데 전체적으로 우리 사회에서 흔히 볼 수 있는 온갖 편견이 곳곳에 드러나 있다. 다운증후군을 앓는 장애 소년을 입양하려다 좌절하는 동성 연인들의 이야기가 주를 이루는 데다 '흑인이어서', '키가 작고 뚱뚱해서' 등 각종 차별적 언어가 작품 속에서 난무한다.

그럼에도 편견과 차별을 극복하기 위해 힘겨운 싸움을 하는 이들에게 한 가지 위안이 있었다. 그것은 초콜릿 도넛이었다. 아니 초콜릿 도넛을 좋아하는 사람은 다운증후군을 앓는 소년 마르코뿐이었다. 마르코는 초콜릿 도넛을 먹을 때면 세상을 다 가진 듯 환한 미소를 지었고 그런 마르코의 행복한 모습은 다시 그를 사랑하는 동성 연인 폴과 루디의 마음을 따뜻하게 만들었다. 초콜릿 도넛에서 시작된 행복 바이러스가 여러 사람에게 민들레 풀씨처럼 퍼져나가는 것이다. 마르코에게 초콜릿 도넛은 사랑과 동의어이다. 그를 행복하게 할 수 있는 방법은 단 두 가지뿐이었는데 하나는 폴과 루디와 함께 있는 것이고 다른 하나는 초콜릿 도넛을 먹는 것이었기 때문이다.

MERRY X'MAS
RISTMAS
RISTMAS
CHR
Y CHRIS
MERRY X'MAS

대개 이런 영화는 주인공들이 온갖 고초를 겪은 후 난관을 극복하는 해피엔드로 마무리되곤 한다. 그래서 영화를 보는 사람들은 뭔가 정의 실현을 목격한 듯, 사회가 조금은 변화한 듯한 데 안도하며 극장을 나서게 된다. 하지만 이 영화의 결말은 행복하지 못하다. 수많은 법정 싸움에도 마르코를 진정으로 사랑하는 폴과 루디는 동성 커플이라는 이유로 입양에 실패하고 마르코는 결국 마약 중독자인 어머니에게 넘겨진다. 문제적 인물인 어머니의 집에서 나온 마르코는 폴과 루디를 찾아오겠다고 사흘이나 헤매다가 다리 밑에서 죽고 만다.

답답하고 씁쓸한 결말에도 불구하고 이 영화는 우리에게 확실한 메시지를 하나 던져준다. 그것은 '사람은 무엇으로 사는가?'에 대한 답변이다. 톨스토이의 소설 '사람은 무엇으로 사는가'에서 천사 미하일은 하느님이 던진 세 가지 질문을 해결하기 위해 인간 세상에 내려온다.

사람의 마음 속에는 무엇이 있는가?
사람에겐 자기 미래를 내다보는 지혜가 있는가?
사람은 무엇으로 사는가?

알몸으로 인간 세상에 떨어져 추위에 떨고 있던 천사 미하일은 인정 깊은 사람들을 만났고 그들과 지내면서 '사람의 마음 속에는 하느님의 사랑이 있음'을 깨닫게 되었다. 또 '인간에게는 자기 미래를 보는 지혜가 없다'라는 점을 알아냈고 마지막 질문에 대한 답으로 '사람은 사랑으로 산다'라는 사실을 깨달았다.
영화 '초콜릿 도넛'을 보고 나면 사랑만이 사람을 살릴 수 있다는 점을 실감한다. 영화 속에서 마르코의 보호자 루디는 초콜릿 도넛이 몸에 해로우니 먹지 말라고 엄마처럼 마르코에게 잔소리한다.
"초콜릿 도넛은 독이란다, 마르코. 먹으면 살찌고 여드름만 나거든."
하지만 마르코에게 초콜릿 도넛은 말 그대로 먹을 수 있는 행복이며 사랑의 실현이었다. 짧고도 불우한 삶 속에서도 그는 초콜릿 도넛이 있었던 덕분에 작은 행복이라도 맛볼 수 있었다. 그나마 신이 그에게 준 작은 선물이었던 것이다.
마르코를 아프게 하고, 상처를 주었으며 죽음에까지 이르게 한 것은 '몸에 해로운' 초콜릿 도넛이 아니었다. 마르코를 죽음으로 몰아넣은 것은 사랑하는 사람과 함께 할 수 없다는 절망감이었다. 정말 사람이 자신의 삶을 하루하루 살아가는 데 가장 필요한 것은 사랑임을 여실히 보여준다.
"사랑하지 않으면 멸망하리."
사람이 하루라도 사랑하지 않으면 안되는 가장 확실한 이유이다.

"

When we don't have the words chocolate can speak volumes.

"

- Joan Bauer

할 말이 없을 때 초콜릿은 많은 것을 말할 수 있다.

한동안 아몬드 초콜릿 괴담이 떠돌아다녔다. 괴담의 배경은 저녁 시간의 지하철 안이다. 어느 날 여학생이 지하철 좌석에 앉아 있는데 앞에 허름한 차림의 할머니 한 분이 섰다. 학생도 쓰러질 만큼 피곤한 상태였지만 선뜻 일어서 할머니에게 자리를 양보했다. 할머니는 무척 고마워하며 자리에 앉았다. 조금 후 할머니는 주머니를 부스럭거리더니 휴지 뭉치를 하나 꺼냈다. 그 안에는 아몬드 몇 알이 들어 있었다.

"이거 하나 먹어봐. 맛있어."

여학생은 극구 사양했다.

"어른이 주면 아무 소리 않고 받는 거야. 내가 정말 고마워서 주는 건데 사람 성의를 무시하면 안 되지."

얘기가 여기에 이르니 여학생은 안 받을 수 없었다. 여학생은 아몬드 한 알을 조심스럽게 집어 들었지만 지하철 안이라 먹기가 꺼려졌다.

"어서 먹어. 못 먹을 거 준 거 아니니 할미 보는 앞에서 먹어야지."

학생은 어쩔 수 없이 아몬드를 입안에 넣었다. 조금 후 할머니는 다시 주머니를 뒤지더니 아몬드 초콜릿을 꺼내 한 알 입에 넣었다. 오물오물, 쪽쪽. 할머니는 한참 동안 입술을 열심히 움직이더니 입안에서 아몬드를 꺼냈다. 겉에 싸인 초콜릿은 다 빨아먹고 남은 아몬드. 할머니는 아까 그 휴지 뭉치를 꺼내 입에서 뱉어낸 아몬드를 거기에 곱게 싸는 것 아닌가? 괴담은 여기서 끝이다.

누군가 실제 겪은 실화인지 아니면 꾸며낸 이야기인지는 모르겠지만 좀 더럽고 황당한 그 괴담의 트라우마는 좀처럼 사라지지 않는다. 여러 가지 종류를 섞어놓은 견과류를 먹을 때 딱딱한 아몬드가 싫은 나는 아몬드를 골라 가족 앞으로 슬쩍 밀어놓는다. 물론 가족은 그러려니 하고 맛있게 먹지만 나는 그때마다 할머니의 아몬드 초콜릿 괴담이 떠오른다.

그 일이 실화일까? 정말 할머니가 자신이 초콜릿을 빨아먹고 남긴 아몬드를 남에게 줬을까? 혹시 할머니가 뱉어낸 아몬드를 싼 휴지 뭉치와 고마운 사람에게 주려고 따로 싸 온 휴지 뭉치가 다른 것은 아니었을까? 곁에서 보던 사람이 놀란 나머지 휴지가 다르다는 것을 미처 알아채지 못한 건 아닐까? '허름한 차림의 할머니'라는 편견이 오해를 불러온 건 아닐까? 물론 이 질문들에 대한 정답은 확인할 수 없다.

입장을 바꿔 잘 생각해보면 괴담이 미담이 될 수 있고, 반대로 멜로가 호러가 될 수도 있다. 어린이들이 즐겨 읽는 아름다운 동화 중에는 잔혹한 이야기에서 유래된 것도 많다고 하지 않은가. 그 대표적인 예가 '헨젤과 그레텔'이다. 부모에게 버림받고 숲을 헤매게 된 헨젤과 그레텔 남매는 숲속에서 과자로 만든 집을 발견한다. 그런데 그 집은 마녀의 집. 마녀는 남매를 살찌워 잡아먹으려 했는데 그들의 꾀로 오히려 화로에 넣어져 타 죽는다. 하지만 이와는 다른 여러 가지 이야기가 전한다. 마을 사람들이 아이들을 앞세워 마녀라고 불린 이방인을 제거하고 그녀의 보물을 다 빼앗았다는, 동심을 파괴하는 이야기도 있다. 나도, 숲속에서 조용히 살던 여자가 느닷없이 자신의 영역을 침범당하고 죽임까지 당한 애먼 피해자라고 생각한다.

지하철의 할머니 입장을 감안하여 아몬드 초콜릿 괴담을 미담으로 재구성해보자. 할머니는 예정에 없이 만나는 고마운 사람들에게 주기 위해 아몬드를 따로 싸 들고 다닌다. 할머니는 초콜릿을 무척 좋아한다. 치아는 부실하지만 아몬드를 감싸고 있는 밀크 초콜릿을 특히 좋아한다. 겉의 초콜릿을 다 빨아먹고 뱉은 아몬드는 지하철에서 내린 후 공원의 비둘기에게 줄 심산이었다.
정답을 알 수 없을 때 가장 좋은 추론 방법은 '상식적인 나라면 어땠을까'로 생각하는 것이다. 나라면 초콜릿만 빨아먹고 남은 아몬드를 남에게 주겠는가? 그것도 고마운 사람에게 말이다. 무엇보다 초콜릿을 좋아하는 할머니를 믿어보자. 초콜릿과 아몬드는 말할 수 없지만 할머니의 보답할 줄 아는 아름다운 심성을 대변해준다. 과자로 지은 집에서 사는 사람이 마녀일 수 없는 것과 마찬가지이다. 용도가 서로 다른 아몬드를 할머니가 색깔이 다른 휴지에 각각 쌌다면 괴담이 확실하게 미담으로 바뀔 텐데 그 한 가지가 아쉬울 뿐이다.

"

If I share chocolate with you, you are special to me.

"

- Anonymous

내가 당신과 초콜릿을 나눈다면 당신은 내게 특별한 사람입니다.

36.5
本情

"인희가 눈이 나쁘다고 어머니가 말씀하셨던가? 인희 이리 앞으로 나와봐."
초등학교 2학년 1학기가 막 시작되었을 때의 일이었다. 교실의 뒷자리에 앉아 있던 나는 일단 앞으로 나가면서 생각했다.
'엄마가 언제 학교에 오셨었지? 아닌데, 엄마는 겨울방학 전 군산에 가셔서 아직 서울에 안 왔는데?'
엄마는 군산에서 근무하는 아버지한테 가면 석 달씩은 돌아오지 않았다. 엄마가 없는 동안 우리 5남매는 외할머니와 함께 서울에서 살아야 했다. 아니 엄마가 서울에 돌아온 후에도 나는 여전히 외할머니와 함께 살았다. 서울에서의 엄마는 언제나 우울하거나 아팠기 때문이다. 엄마는 심한 우울증에 시달리고 있었던 것이다.
목구멍까지 차오르는 똑 부러지는 사실 규명은 끝내 입 밖으로 튀어나오지 못했다. 선생님도 내 말을 기다려주지 않았다. 나는 분단 사이로 걸어나가다가 난로가 있는 교실 중간에서 멈췄다. 그때까지 선생님은 나와 한번도 눈을 마주치지 않았다. 단지 무척이나 신중한 일을 처리한다는 듯이 내가 선 자리와 대각선 방향의 칠판에 글자를 몇 자 썼다.
"이거 보이니?"
나의 시력은 80명이 담긴 콩나물 시루 교실의 맨 뒷줄에서도 칠판 글씨가 구석구석 다 보일 정도였다. 난 사실대로 대답했다.
"네, 잘 보여요."

선생님은 내가 서 있던 자리보다 조금 더 앞쪽인 앞에서 세 번째 줄 책상을 가리켰다.
“지금 여기로 자리를 옮겨.”
나는 선생님을 속였다는 생각에 다리가 후들거렸다. 실수는 선생님이 했지만 그걸 바로잡지 않은 불똥은 내게로 튈 것이었다. 하지만 선생님은 내게 잘못을 바로잡을 기회를 주지 않고 횡하니 교실 밖으로 나가버렸다.
“안녕? 나 미림이.”
내가 자리에 앉자마자 짝이 기다리고 있었다는 듯 반갑게 인사를 했다. 미림이 얼굴은 우유를 발라 놓은 것처럼 희고 윤이 났다. 긴 머리를 양갈래로 나눠 묶은 미림이의 머리카락에는 알록달록 값나가 보이는 머리핀들이 빛을 내고 있었다. 미림이의 키는 나보다 작았지만 그의 목소리는 나보다 훨씬 당당하고 야무졌다. 매사에 소심하고 움츠러들기만 하던 나와는 달리 미림이는 거침이 없었다.
점심시간이 되었다. 나와 내 짝 미림이가 함께 쓰는 ‘우리’ 책상 위에 형광빛이 도는 하얀 보자기가 펼쳐졌다. 미림이 엄마는 귀족의 식탁을 차리는 하녀와 같이 정성스럽게 그릇을 옮겨놓았다. 난생 처음 교실에서 식탁보까지 깔린 정갈한 식사를 하게 된 나에게 미림이 엄마의 움직임은 서양 역사극에 등장하는 성녀처럼 보였다.

드디어 미림이 엄마의 조심스러운 손길에 의해 그릇 뚜껑이 열렸다. 오므라이스. 뚜껑이 열리는 순간 훅하고 내 얼굴에 와 닿은 것은 음식 냄새가 아니었다. 거품 자국 하나 없이 깔끔하게 부쳐진 노란 달걀도, 그에 싸인 소고기 넣은 볶음밥도, 그 위에 얹힌 정체를 알 수 없는 진갈색 소스도 아니었다. 그 순간 눈물이 날 정도로 나의 감각을 자극한 것은 음식이 내뿜는 온기였다. 만날 추운 교실 구석에서 식어빠진 도시락을 먹었던 나는, 그 음식이 갓 조리되었을 때의 뜨거움을 간직한 채 우리 책상에까지 올 수 있었다는 사실이 감동스럽기까지 했다. 한 숟가락 떠서 입에 넣었을 때 느껴지던 그 맛! 그랬을 리는 없지만 그때 교실의 천장이 뚫린 듯 우리 책상 위에만 자연광의 밝고 부드러운 스포트라이트가 비추었다고 기억되는 그런 맛이었다.

며칠 후 일제고사를 보는 날부터 나는 오므라이스 먹은 대가를 치러야 했다. 양옆으로 가림판을 가리고 시험을 보고 있는 내게 미림이가 속삭였다.

"답을 불러봐."

눈이 휘둥그래진 내게 미림이는 낮지만 단호하게 핵심을 콕 집어 얘기했다.

"선생님도 다 아셔."

선생님도, 미림이도, 그 엄마도 다 알고 있는 사실, 나만 모르는 그 사실, 그것은 내가 그들에게 '공부는 잘 하지만 엄마 손이 미치지 않는 만만한 아이'로 보였다는 것이었다. 나는 미림이의 요구를 조용히 받아들였다.

물론 그 상황을 엄마에게 다 고해바칠 수 있었다. 그러면 그 위험하고도 정의롭지 못하며 치욕스러운 처지에서 나는 해방될 수 있었겠지. 그런데 나는 '까발림'을 선택하지 않았다. 엄마가 학교에 와서 그 건으로 담임 선생님과 면담하여 일을 바로잡는 순간 나는 다시 난로의 훈기도 미치지 않는, 유배지와 같은 교실 저 뒤편으로 보내지겠지. 절대 엄마가 알게 해서는 안돼! 차라리 그것이 내 자존심을 지키는 길이야! 계산은 뜻밖에 쉽고도 재빠르게 처리되었다. 계산을 잘 했다고, 그들이 바라는 답을 내놓았다고 내게 주어진 상이 바로 그 뜨거운 오므라이스였다.
독침을 박은 듯 나의 정의감을 여지없이 마비시키고 기꺼이 내 영혼을 팔도록 만든 마약은 오므라이스 말고 또 있었다. 미림이 엄마는 학교 밖에서도 내게 특별한 음식을 대접했다. 나는 밝은 조명이 비치고 커다란 원탁이 있는 고급 제과점으로 인도되었고 내 앞에는 또 다른 악마의 음식 초코케이크가 놓였다. 그 당시 노란색 폴크스바겐의 오너 드라이버였던 미림이 엄마는 그 제과점의 단골 고객이었다. 초코케이크는 그 집에서 가장 고급 메뉴였던 것 같다.
오므라이스가 온기로 나를 사로잡았다면 초코케이크의 미끼는 윤기가 자르르 도는 검은 색 단면이었다. 포크로 한 입 떠서 입에 넣으면 케이크는 이내 어디론가 사라지고 없다. 치아 사이로 감도는 진한 초콜릿 향기가 케이크가 이미 내 목구멍으로 넘어갔음을 말해줄 뿐이었다.

"에휴, 인희는 얌전하게 먹는데 미림이 너는 옷에 다 묻히고 그게 뭐니?"
미림이는 마치 병아리 같은 연한 미색 원피스를 즐겨 입었다. 미림이는 초코케이크에 덮인 까만 초콜릿으로 그 고운 빛깔 원피스 앞섶을 거침없이 더럽히곤 했다. 그러나 나는 포크로 케이크 귀퉁이를 조금씩 떼어 조심스럽게 입에 넣었기에 옷에 묻힐 일이 없었다. 케이크가 사라져버리는 것이 아까워서, 남의 엄마 앞이라서 나는 아주 조금씩 신중하게 초코케이크 조각을 떼내고 있었던 것이다. 내가 부정한 일에 가담하고 있다는 정도의 분별은 그때도 있었다. 부정한 일에 나를 끌어들인 미림이 엄마가 미웠다. 나 자신이 치욕스럽고 그런 엄청난 비리를 거침없이 저지르는 어른들이 미웠다. 내가 그런 취급을 받도록 방치한 우리 엄마가 미웠다. 그러나 나는 그 상황에서 벗어나고 싶지는 않았다. 아무일도 없었다는 듯 시간이 흘렀고 나는 오므라이스와 초코케이크 먹는 데 익숙해졌다. 정의는 실현되지 않고 변화는 엉뚱한 데서 찾아왔다. 날이 갈수록 미림이 엄마가 내 마음 깊숙이 들어온 것이었다. 자신의 삶을 돌보느라 급급해 내게 관심 둘 겨를이 없었던 우리 엄마보다는 나를 살뜰히 챙겨주고 존중해주는 미림이 엄마가 좋아지기 시작했다. 미림이 엄마는 늘 내 곁에(사실은 미림이 곁에) 있었고 내가 억울한 일을 당했을 때 항상 내 편에 서주었다. 미림이 엄마가 80명 학급 아이 중에 하필 나를 선택한 것이 우연은 아니었을 것이다. 돌이켜보면 당연한 얘기지만 미림이는 야단을 쳐도 내게는 늘 살갑게 대해주었다. 내가 미림이 엄마에게 미림이보다 더 특별한 사람이라는 착각까지 들었다.
오므라이스와 초코케이크는 정말 나의 영혼을 빼앗아가는 악마의 음식이었을까? 어느 순간부터인가 난 순전히 자유로운 의지로 나를 필요로 하는 '가엾은' 미림이를 돕고 있었다. 나는 더 이상 불쌍한 희생양이 아니었다. 나는 미림이 엄마가 원하는 대로 성심성의껏 미림이를 빛내주었다. 그게 미림이 엄마의 그 특별한 사랑을 계속 누리는 유일한 길이었으니까.

BONJUNG
BONJUNG

“

Chocolate is ground from the beans of happiness.

”

- Terri Guillemets

초콜릿은 행복의 콩으로 갈아서 만든 것이다.

내 인생에는 세 번의 전환점이 있었다. 일본 유학과 취업, 34세에 초콜릿 회사를 차린 것이 그것이다. 돌이켜보면 그 전환점마다 나를 사랑하는 분들의 염려와 응원, 신뢰가 없었다면 나는 고비들을 넘기지 못하고 당연히 오늘에 이르지 못했을 것이다. 물론 당시에는 걱정 어린 만류도 많이 들었다. 하지만 그들은 나를 믿어주었고 특히 어머니의 사랑은 나에게 큰 힘이 되었다.
나는 군 복무 중 진로에 대해 많은 고민을 했고 그러면서 공부가 얼마나 중요한지 깊이 느끼게 되었다. 그래서 군 복무를 마치자마자 늦은 유학을 결정했다.
내가 일본으로의 유학을 선택한 것은 우선 일본어로 공부하기가 쉬울 것이라는 생각에서였다. 또 일본어 교재 중 한 권의 머리글에 쓰인 "일본을 알아야 일본을 이긴다"라는 문구도 왠지 마음에 크게 와닿았다.
1년의 대학 입시 준비 기간은 금세 지나갔고 나는 대학에 합격했다. 나는 어머니와 약속을 지키고 와세다 대학에서 내가 원하는 공부를 할 수 있게 되었다.
내가 전공을 결정했을 때 주변 사람들은 다시 한번 놀랐다. 졸업한 후 무슨 일을 해서 먹고 살 것인가를 고민하여 전공을 택해야 하고 그래서 일본에 유학온 사람들은 대부분 어학이나 상경계통 공부를 한다는 것이었다. 하지만 내게 중요한 것은 그냥 밥 먹고 사는 게 아니라 '어떻게 사는가'였다. 그냥 적당히 먹고만 살 거였으면 우리집 형편에 나는 유학을 생각도 안 했을 것이다.

本情
BONJUNG
Chocolate
1999

당시 내가 중요하게 여겼던 '어떻게 사는가'의 고민은 결국 나를 초콜릿 회사를 만드는 데까지 오게 했다. 물론 단번에 고민의 답을 얻은 것은 아니다. 출발점부터 답이 보였던 것도 아니다. 한 고비 한 고비 넘기면서 점점 그 해답에 다가올 수 있었던 것이다. 그 해답을 찾아올 수 있게 한 추진력은 나의 끈기와 성실함, 그리고 주변 사람들의 나에 대한 믿음과 사랑이었다. 특히 그들의 사랑은 내가 어떤 어려움이라도 극복할 수 있도록 큰 힘이 되어주었다.

초콜릿 회사를 차리면서 나는 '어떻게 사는가'의 '어떻게'에 '사랑으로'라는 말을 바꿔 넣기로 했다. 초콜릿 회사 창업으로 나를 이끈 것도 바로 그런 생각이었다. 연인에게 사랑을 고백할 때 내놓는 것도 초콜릿이고 사랑을 나누기 가장 좋은 매개체도 초콜릿이다. 또 그 사랑과 초콜릿은 다시 인간을 행복하게 만든다. 사랑이 듬뿍 담긴 초콜릿을 만들어야 한다는 나의 의지도 바로 이런 점에서 시작되었다.

“Everywhere in the world there are tensions – economic, political, religious. So we need chocolate.”

- Alain Ducasse

세계 어느 곳에나 경제적, 정치적, 종교적 긴장이 있습니다.
그래서 우리에게는 초콜릿이 필요합니다.

Chocolate

레닌그라드는 러시아의 제2도시 상트페테르부르크의 옛 이름이다. 레닌그라드는 제2차 세계대전 때무려 900일 가까이 독일군의 봉쇄를 견뎌낸 역사를 가지고 있다. 900일, 레닌그라드 시민들은 전기도, 수도도, 땔감도, 심지어 식량도 없이 세 번의 겨울을 지낸 것이다.
1941년 6월 22일, 소련 국경을 넘은 독일군은 레닌그라드 주위에 지뢰를 묻고 연료와 음식이 레닌그라드로 들어가는 것을 철저히 차단했다. 그리고 하루 네 번씩 도시를 포격했다. 정해진 시간에, 도시 중앙의 병원, 박물관, 공산당 본부에 정확하게 포탄을 떨어뜨렸는데 그 규칙성이 시민들을 더 큰 공포로 몰아넣었다.
레닌그라드의 식량 창고를 파괴한 독일은 시민들이 하루에 빵을 몇 g 배급받는지까지 꿰뚫고 있었다. 곧 다 굶어 죽을 것이니 공격하지 말자며 히틀러에게 권고도 했다. 전투를 해서 독일 군인들의 목숨을 위태롭게 할 것 없다는 얘기였다. 계속되는 폭격으로 먼지와 재가 날아올라 하늘을 까맣게 덮었다. 종말이 온 듯했다. 땔감은 다 떨어지고 창문들은 폭격으로 부서졌다.
"빵이 다 떨어지면 너희는 곧 죽을 것이다." 독일은 비행기로 전단을 뿌려 어둠 속에서 지내는 시민들의 사기를 떨어뜨렸다. 레닌그라드 사람들은 천천히, 조용히 죽어갔다. 사람들은 언젠가부터 사망자 수를 세지 않았다. 거리에는 시체가 산을 이뤘지만 가족도 시체를 거두지 않았다. 도시는 죽은 자들의 것이 되었다. 집 안에서는 시체를 곁에 두고 식사를 했다.

우리는 나폴레옹이, 히틀러가 러시아 침공에 실패한 이유를 러시아의 혹독한 추위 때문이라고 배웠다. 그러나 두 번의 봄과 여름, 그리고 세 번의 가을을 지내면서도 히틀러는 레닌그라드를 항복시키지 못했다. 봉쇄와 포위 기간에도 레닌그라드 공립도서관은 문을 닫지 않았다. 추위와 탈진으로 별달리 할 수 있는 일이 없었던 사람들은 오히려 도서관에 모여들었다. 도서관에서 책을 펼쳐 놓은 채 죽은 사람도 있었다. 공습을 알리는 것 외에는 프로그램을 만들 인력이 없었던 레닌그라드 라디오 방송은 하루 종일 째깍대는 메트로놈의 소리만 내보냈다. 그 소리는 도시가 살아 있음을 알리는 맥박 소리와도 같았다.

히틀러는 끝내 레닌그라드를 포기하고, 1944년 1월 27일 포위가 풀렸다. 봉쇄 기간 레닌그라드 시민 1/3이 목숨을 잃었다. 굶어서, 얼어서, 매일 네 차례씩 어김없이 쏟아지는 독일군의 포탄 때문에, 대책 없는 질병으로…. 상상을 초월하는 참혹한 지경에도 레닌그라드는 결코 항복하지 않았다. 그런 시민들의 의지와 용기를 기려 그 도시에는 영웅 칭호가 붙여졌다.

이 참혹한 역사를 배경으로 소설을 쓴 네덜란드 작가 얍 터르 하르는 그 제목을 〈초콜릿 한 조각 - 용기를 담은 손길〉이라 붙였다. 소설의 주인공 보리스와 친구 나디아는 배급소에서 스프를 받아오다 폭격에 놀라 스프를 다 쏟고 말았다. 물같이 멀건 스프였지만 그걸 쏟고 두 사람이 얼마나 절망했을지 상상이 된다. 둘은 어쩔 수 없이 양쪽 군대 사이의 완충 지대 같은 곳에 가서 감자를 캐오기로 하지만 그곳에서 독일군들에게 붙들리고 만다. 그런데 한 독일 병사가 자신의 배낭에서 소시지와 빵을 꺼내 이들에게 주고 초콜릿 한 조각을 떼어 나디아 입에 넣어준다.

독일군의 도움으로 식량을 구해 안전하게 집에 돌아온 보리스는 이제까지 독일군에 가졌던 증오보다 더 큰 삶의 소중함을 배우게 된다. 또 진정한 용기가 무엇인지도 깨닫게 된다. 도시의 봉쇄가 풀리고 패배한 독일군들이 포로로 끌려가고 있을 때, 보리스는 그 병사들에게 다가간다. 반역자라 비난받을 것을 각오한 용기 있는 행동이었다.

"보리스는 주머니에서 초콜릿을 꺼내어 그 병사의 슬픈 눈앞에 내놓았다. 그 순간 그 독일 병사의 눈이 빛났다. 포획된 짐승처럼 다치고 겁에 질린 그 병사는 갑자기 사람이 된 것 같았다. 그 어린 병사는 보리스를 바라보았다. 그리고 미소로 고마움을 표했다."

생사가 달려 있는 극한의 상황에서 초콜릿이 만들어낸 기적이다. 작가는 "증오를 가지고 살아간다면 자유가 도대체 우리에게 무슨 의미가 있을까요?"라며 고통을 많이 겪은 사람은 용서도 많이 할 수 있다는 메시지를 남기며 소설을 마무리했다. 그가 초콜릿을 용서와 화해의 도구로 설정한 것은 너무도 당연한 일로 보인다. 초콜릿만큼 사람의 마음을 부드럽게 녹이는, 높은 차원의 묘약은 세상에 다시 없을 것이기 때문이다.

“When no one understands you, chocolate is there.”

- Daniel Worona

아무도 당신을 이해하지 못할 때 곁에 초콜릿이 있습니다.

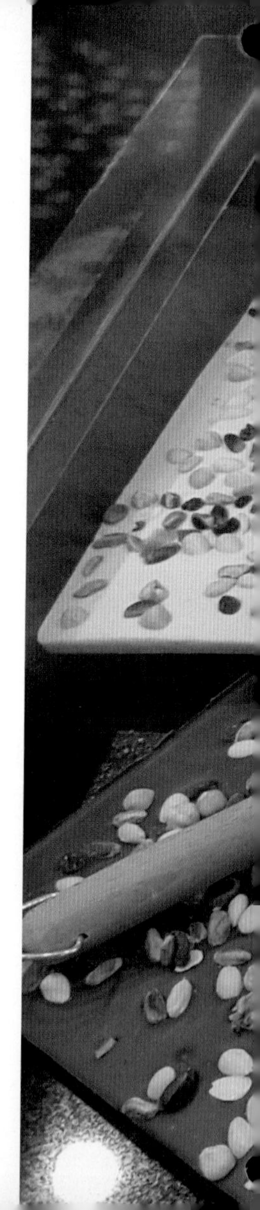

음식이나 식품 이야기를 가사에 담은 노래는 많다. 하지만 대부분 그 식품과 관련된 추억이나 주변 분위기를 그릴 뿐 식품 자체에 대한 가사는 많지 않다. 그 많지 않은 노래 중에서 가장 인상적인 것은 가수 강산에가 작사하고 노래까지 부른 '명태'이다. 이 노래는 명태의 맛은 물론 여러 가지 조리 방법, 조선 시대 함경도 명천 지방에 사는 태씨 성의 어부가 처음 잡아서 명천의 명자, 태씨 성의 태자를 땄다는 이름의 유래도 맛깔나게 알려준다. 또 "겨울철에 잡아 얼린 동태, 삼사월 봄에 잡히는 춘태, 냉동이 안된 생태, 겨울에 눈 맞아가며 얼었다 녹았다 말린 황태, 애태, 바람태, 애기태, 노가리는 앵치"라며 명태의 다양한 이름도 알려주는 백과사전적 가사이다. 중간 중간 "영걸이 어디 갔니, 아바이 밥 잡쉈소" 등의 랩 아닌 랩을 듣는 재미도 쏠쏠하다. 이 노래 가사는 명태에 대한 인문학적 설명과 유용성 홍보를 담고 있는 것이다.
음식 노래로 윤종신이 작사하고 역시 노래까지 한 '팥빙수'도 들 수 있다. 이 노래는 팥빙수의 만드는 과정에 특히 주목하고 있다. 팥을 끓이고 설탕을 졸이며 얼음을 냉동실 안에 얼리는데 '빙수용 위생 얼음'을 '꽁꽁 단단히' 얼려야 함을 강조하고 있다. 만드는 것이 과일을 곁들인 팥빙수인지 '프루츠 칵테일의 국물은 따라내고 과일만 건져내'는 과정도 있다. 과일 팥빙수에 올릴 체리는 꼭지를 떼어 깨끗이 씻으라 한다.
팥빙수 재료가 준비되었으면 본격적으로 빙수를 만들 차례다. 빙수기 얼음을 예쁜 그릇에 갈아넣고 팥 얹고 후르츠 칵테일과 체리로 장식하면 끝. 아니 빠지면 섭섭한 것이 아직 남았다. 찰떡, 젤리, 크림, 연유. 노랫말 만든 사람의 섬세함과 팥빙수에 대한 사랑이 듬뿍 담긴 노래이다. 하지만 팥빙수 맛이 주는 행복감 소개가 빠져서 조금 아쉽긴 하다. 가장 중요한 것은 맛이 아니던가.

초콜릿에 대한 노래도 있다. 이미라 작사이고 하림이 부른 '초콜릿 이야기'이다. 이 노래에는 밀크 초콜릿, 민트 초콜릿, 크런키 초콜릿, 브랜디 초콜릿 등 다양한 맛의 초콜릿에 대한 자신의 느낌을 담았다.
'부드러운 밀크 초콜릿은 외로운 날에 혀끝에 녹아드는 다정함'이라고 가장 먼저 소개했다. 민트 초콜릿은 치약 맛이 나지만 따분한 날에 먹을 만하고 '크런키 초콜릿은 마음 상한 날 와사삭 부서지는 통쾌함'이 있다고 했다. 안에 브랜디가 담긴 초콜릿은 세 개만 먹으면 취하게 되는 '엉큼한 초콜릿'이란다.
노래 가사가 전체적으로 가리키는 방향은 초콜릿으로부터 받는 위안이다. '우울하고 눈물 나는 날' 곁에 아무도 없다고 느껴지는 날에도 초콜릿은 위로가 되어준다. '아득한 네 입술'과도 같은, 멀미가 날 것만 같은 진한 초콜릿 맛은 행복한 상상에 취하게 한다. 기분이 좋은 날에도, 우연히 그대와 마주친 순간에도, 이리저리 안 풀리는 날에도, 조그만 일들에 마음이 잔뜩 상할 때도 초콜릿은 곁에서 위로와 치유의 약이 되어준다.
'팥빙수' 노래에서는 팥빙수에 대한 사랑을 목청껏 외친다. 그리고 녹아서 사라지지 말고 오래도록 곁에 남아 있어 주길 간절히 소망한다. 하지만 '초콜릿 이야기'에서는 그렇게 갈망을 외치지 않는다. 다만 초콜릿은 당연히 우리 곁에 있고 손만 뻗으면 조용히 다가와 부드럽게 우리의 상처를 어루만질 것 같다. 밀크 초콜릿은 물론 치약 맛이 나는 민트 초콜릿, 크런키 초콜릿 그 어떤 초콜릿이라도 상관없다. 엉큼하게 술을 품고 있다가 나를 취하게 하는 브랜디 초콜릿도 그 어느 순간에나 행복감을 선사한다. 초콜릿이 약품인지 일반 식품인지에 대한 논란은 오래 전부터 있었다. 그런데 마음의 상처를 치유하는 약도 약이라면 초콜릿은 당연히 약품에도 포함해야 하지 않을까?

"Happiness sometimes comes through chocolate."

- Ibousto

행복은 때때로 초콜릿을 통해 옵니다.

예전에 비해 지방 소도시에 카페 등 아기자기하고 예쁜 가게가 많이 생기고 있다. 수도권으로부터 소외되어 좀처럼 발전하지 않을 것 같던 그런 도시들에 어떤 계기가 있었던 것일까?
우선 수도권으로 짧은 시간에 연결되는 KTX 노선들이 개통된 것을 들 수 있다. 타지에 살던 사람들도 그 도시로 쉽게 들어가 가게를 차릴 수 있고 수도권에 거주하는 고객들도 지방의 가게까지 쉽게 찾아갈 수 있게 된 것이다. 또 인터넷으로 맛집, 명소 등을 검색할 수 있다는 것도 큰 역할을 했다. 요즘엔 어디론가 떠나기 전 인터넷 검색은 필수가 되었다. 현지에 가서 어디서 자고 어디에 맛집이 있고 어떤 명소가 있는지 다른 지역에서도 훤하게 들여다 볼 수 있다. 그야말로 '조사하면 다 나오는' 세상이 된 것이다.
올림픽이나 월드컵, 세계 박람회 같은 큰 행사도 지역의 풍경을 달라지게 한다. 그 지역은 이전보다 훨씬 주목받게 되고 그런 계기가 때로는 재발견, 재평가의 기회도 되기 때문이다. 어쩌다 매스컴에 한번 소개되기라도 하면 몰려오는 고객들 때문에 행복한 비명을 지르게 될 수도 있다.
아무튼 조용한 지방 소도시에 가서 작은 가게를 내고 소소한 행복 속에 살고자 하는 것은 많은 사람의 로망이다. 많은 사람이 꿈꾸는 업종은 북 카페와 같은 테마 카페, 자기 이름을 내건 빵집, 헌 책방, 꽃 가게, 과자 가게, 인형 가게, 초콜릿 가게 등이다.

나도 한때 작은 와인바 차리는 것을 소망한 적이 있다. '작은'이라는 단서가 붙는 것에는 특별한 이유가 있다. 물론 장사가 잘 되어 돈을 많이 버는 것도 중요하지만 그냥 평범한 술집을 열어 돈벌이만 추구하는 건 의미가 없다고 생각했다. 철없는 생각이었지만 나는 내 고객이 대화가 통하는 사람들이길 꿈꾼 것이다. 말이 통하는 점잖은 사람들만 와서 건전한 대화를 하며 깔끔하게 술을 마셔 매상을 올려주는 그런 가게가 이 세상에 있기나 할까? 드라마 '도깨비'에 나오는 참하고 예쁘며 자기일처럼 일해줄 아르바이트생을 만날 수는 있을까?
업종이 다를 뿐 그런 꿈을 가지고 가게 차리기를 소망하는 사람은 나뿐만은 아닐 것이다. 그것이 테마가 있는 카페가 늘어나는 이유라고 본다. 초콜릿 가게를 예로 들자면 진열장에 그냥 아무 초콜릿이나 늘어놓고 아무런 대화 없이 무덤덤하게 '거래'만 하는 그런 가게는 원치 않는다. 영화 '초콜릿'에 나오는 가게처럼 그 매장 안에서 본격적으로 초콜릿을 만들지 못하더라도 상품마다 영혼을 담아 판매하고 싶다는 거다. 세계 여러 나라의 특색 있는 초콜릿을 모아놓고 그 초콜릿에 담긴 사연과 스토리를 고객들과 나누며 상품에 의미를 부여한다면 얼마나 재미있고 보람찬 사업이 될까?

대화는 관계를 낳고 관계는 인연을 낳는다. 이렇게 탄생한 인연은 사랑으로 단단하게 무장되어 있다. 마음이 맞는 사람끼리의 영혼을 담은 즐거운 대화를 나누고 그 대화 속에서 서로에 대한 호감을 찾을 수 있으며 우연히 이뤄진 그 만남으로 평생을 함께 도모하는 관계가 만들어질 수도 있다. 운명적 만남이든 인연이든 뭐라 불러도 상관없다.
베스 굿이라는 영국 작가의 소설 〈작고 이상한 초콜릿 가게〉에서도 그런 '이상한' 화학적 관계가 만들어졌다. 남자 주인공 도미닉의 아버지는 프랑스에 초콜릿 가게를 여러 개 가지고 있다. 도미닉은 프랑스의 기술을 가지고 런던에 와서 초콜릿 가게를 차렸지만 사람들의 입맛이 달라서인지, 장사 수완이 부족해서인지 판매가 영 시원치 않았다. 그래서 가게 문을 닫고 프랑스로 돌아가려는 때 여주인공 클레멘타인을 만난다. 초콜릿을 좋아하는 클레멘타인은 이 가게가 영업을 계속할 수 있도록 돕기 시작했다. 덤벙거리고 실수투성이인 클레멘타인의 매력에 도미닉이 끌려들고 있을 때 그의 아버지가 나타난다. 프랑스로 돌아가 자신의 가게를 이어받으라고. 하지만 도미닉은 아버지의 상속 제의도 뿌리치고 클레멘타인이 있는 런던에 남기로 했다. 이들은 초콜릿 덕분에 진짜 행복을 찾은 것이다.
많은 사람이 이렇게 '작고 이상한' 가게 차리기를 꿈꾸고 있을 것이다. 그리고 그곳에서 아름다운 인연 만들기를 꿈꿀 것이다. 그 꿈을 실현할 수 있는 가장 좋은 방법은 스스로 다른 사람들에게 초콜릿처럼 달콤한 존재가 되어주는 것이다. 그리고 초콜릿처럼 그들에게 위안이 되어주는 것이다. 세상에는 따뜻하고 아름다운 인연을 갈망하는 사람이 넘쳐나고 있다는 믿음이 있다면 해볼 만한 일이다.

“

Coffee makes it possible to get out of bed. Chocolate makes it useful.

”

- Anonymous

커피는 침대에서 일어날 수 있게 하지만 초콜릿은 그것을 유용하게 만든다.

파리에 도착했을 때 내 몸은 파김치가 된 듯했다. 유럽 여행의 막바지에 접어든 데다 전날 너무 무리하여 돌아다닌 탓이었다. 게다가 암스테르담에서 파리까지 오는 밤차에서는 잠을 한숨도 못 잤다. 런던에서 쾰른, 베를린, 암스테르담, 파리로, 열흘 동안 네 나라를 돌아다녔으니 지칠 만도 했다. 전날, 한나절 시간이 남는다고 예정 없이 헤이그에 다녀온 게 치명적이었다.
"그래, 기차 타고 헤이그에 다녀오자. 가서 이준 열사 묘소에 참배하고 오자."
우리 부부는 그 짧은 여유를 투철한 민족 정신을 펼치는 데 바치기로 했다. 그런데 헤이그에 도착한 우리 눈에 가장 먼저 들어온 것은 '마두로담'이라는 미니어처 왕국의 표지판이었다. 우리는 한순간에 민족 정신을 팽개치고 마두로담을 선택했다. 빗줄기가 제법 굵은 소나기가 쏟아졌지만 암스테르담으로 돌아갈, 또 거기서 파리까지 갈 기차표를 사놓은 우리에게는 비가 그치기를 기다릴 여유가 없었다. 마치 눈오는 날의 강아지처럼 이리 뛰고 저리 뛰며 미니어처 왕국을 섭렵했다.
암스테르담을 거쳐 무사히 파리행 밤 기차를 탔다. 비 맞고 날뛰느라 피곤한 우리는 기차 안에서 정신없이 곯아떨어져 파리에 도착한 아침에야 잠에서 깰 것이라 생각했다. 세 사람씩 앉는 자리가 마주 보게 된 6인실, 맞은 편 자리에 검은 색 가죽 점퍼를 입은 남녀가 앉았다. 타자마자 그들은 익숙한 몸짓으로 자리에 대한 교통 정리를 시작했다. 말하자면 서로 엇갈려 앉아 양 끝에 한 자리씩을 비우고 거기에 서로 발을 올려놓자는 것이다.

자리 정리는 끝났지만 그들이 무서워 잠을 이룰 수 없었다. 독일어도, 영어도, 불어도 아닌 전혀 처음 듣는 언어를 사용하는 그들은 북유럽 사람들이었는지 남녀 모두 기골이 장대하여 덩치에서부터 우리를 압도했다. 눈매가 깊고 인상도 강한 그들이 언제 칼을 빼 들고 우리에게 덤빌지 모른다는 터무니없는 불안감이 들었다. 그들도 동유럽을 초토화한 몽골족을 우리 외모에서 떠올렸는지 잠을 못 이루기는 마찬가지였다.

심지어 당시에는 국경을 넘을 때마다 새로 들어간 국가의 정복을 입은 승무원이 문을 드르륵 열고 들어와 여권 검사를 했다. 잠이 들만 하면 그들이 가택 수색하듯 들이닥쳐 알아듣기 힘든 말로 다그치는 통에 밤차에서의 휴식은 물 건너 가버렸다.

밤새 시달리고 아침 일곱 시에 파리 북역에 도착했다. 남편은 일터 복귀를 위해 유로스타를 타고 런던으로 달렸고 나만 덩그러니 생전 처음 가본 파리에 남겨졌다. 우선 택시를 타고 호텔로 갔다. 호텔에 도착하자 덩치 큰 택시 기사는 성큼성큼 내려 트렁크에서 내 짐가방을 내려줬다. 그런데 거스름돈이 요금표에 있는 것보다 적다. 잔돈을 내보이며 "Why?"라고 물었다. 기사는 많이 겪은 일인 듯 주저하지 않고 요금표 아래 조그맣게 쓰인 영어를 가리켰다. 짐을 내려주면 요금을 더 받는다는 얘기였다.

이래저래 피곤이 확 몰려왔다. 방을 배정받으면 침대에 쓰러져 한숨 잠을 자야 할 것 같았다. 그런데 시간이 일러 호텔에서 체크인을 할 수 없었다. 그 얘기를 듣는 순간 일이 잘 안 풀린다는 생각에 피곤함이 더욱 더 거세게 나를 덮쳤다. 하지만 어쩔 수 없이 짐만 맡기고 거리로 나섰다.

이른 아침의 파리는 고즈넉했다. 하지만 나는 그런 분위기를 만끽할 컨디션이 아니었다. 내 온몸은 빨리 카페에 들어가 따뜻하고 달달한 음료를 마셔 온기와 당분을 보충해달라고 강렬하게 호소하고 있었다. 정신없이 골목 몇 개를 지나니 즐비하게 카페가 줄지어 있는 광장이 나왔다. 어디선가 익숙한 향기가 흘러나왔다. 코코아 향이었다. 바로 그때 내가 원하던 그 아이템이었다.
아니나 다를까 카페에 들어가니 사람들은 하얀색 잔에 담긴 갈색 음료를 마시고 있었다. 코코아 향은 그 테이블로부터 흘러나오고 있었다. 메뉴를 받아든 나는 '코코아'를 찾았지만 익숙지 않은 프랑스어인 데다 피곤하고 마음이 급해진 내 눈에 '코코아'라는 글자는 띄지 않았다. 코코아를 마시고 있는 사람들을 가리키며 '저거'라고 해도 되었겠지만 뭔가 품위 없는 행동이라 여겨졌다. 나 스스로 멋지게 주문을 하고 싶었다. 그래서 나는 메뉴 중 가장 코코아 같은 글 무더기 하나를 손으로 짚었다. 조금 후 내 앞에는 김이 모락모락 나는 짙은 색 음료가 놓였다. 조심스레 양손으로 잔을 들고 입으로 가져갔다. 그런데 코코아가 아니었다. 쓰디쓴, 진한 커피였다. 달큰한 맛을 기대해서였는지 내 입맛에는 더욱 더 쓰게 느껴졌다. 지금 같으면 물을 달라고 해서 연하게 아메리카노처럼 만들어 마셨겠지만 30대의 내게는 그런 융통성이 없었다. 그거 말고 '저 사람들이 마시는 거'라고 말하기에는 이미 늦은 듯했다. 무엇보다 내 실수를 다른 사람에게 들키고 싶지 않았다.

나는 무거운 몸을 일으켜 옆에 있는 카페로 자리를 옮겼다. 그리고 코코아 향 음료를 마시고 있는 다른 손님을 손가락으로 가리켰다. 품위는 없었지만 실수는 한 번이면 족했다. 드디어 내 몸이 원하던 그 음료를 마실 수 있었고 나는 원기를 회복했다. 조급한 마음에서 벗어난 나는 메뉴판에서 다시 코코아를 찾아보았다. 분명히 있을 텐데 아까는 왜 못 찾았을까? 비로소 머리 회전이 이성적으로 회복된 나는 코코아와 비슷한 말까지 포함하여 탐색을 했다. 고전 소설 같이 길고도 긴 이름들의 숲을 헤치고 마침내 찾아낸 메뉴는 코코아가 아닌 '초콜릿'이었다.
초콜릿으로 몸과 정신을 추스르고 카페에서 나와서야 그곳이 바스티유 광장이라는 표지판이 눈에 들어왔다. 프랑스 혁명이 본격적으로 시작된 역사적인 장소. 혁명 세력이 그곳에 있던 바스티유 감옥을 헐고 거기서 나온 돌을 광장에 깔았다는 그 의미깊은 곳, 나는 비로소 그 자유의 광장으로 힘차게 발길을 옮길 수 있었다.

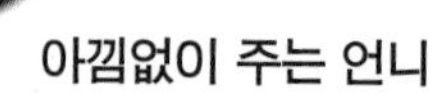

"

A chocolate doesn't ask stupid questions, it gives immediate answers.

"

- Carlo Pin

초콜릿은 어리석은 질문을 하지 않고 즉각적인 답변을 제공한다.

언니와 나의 성격은 정말 딴판이다. 한 부모에게서 태어나고 같은 환경에서 자랐는데 어떻게 그렇게 다른 성격을 갖게 되었을까? 내가 보기에 언니는 자기 하고 싶은 말은 다 하고 다른 사람을 배려하지 않고 자신의 감정을 있는 그대로 드러내는 것 같다. 반면 나는 어릴 때부터 내 속마음을 잘 드러내지 않는 편이었다. 상대에게 싫은 소리를 하고 싶어도 듣는 사람이 상처 입을까봐 속으로 꿍꿍 감추곤 했다. 그렇다고 내 마음이 너그러운 것은 아니었다. 뒤끝이 길어 두고두고 앙심을 품고 있다. 언젠가는 내가 받은 것보다 더 크게 상대에게 앙갚음을 하리라는 계획도 잊지 않는다.
그런데 언니는 그런 성격을 가진 사람들이 대부분 그렇듯 무슨 말을 했든 돌아서면 그만이다. 나는 그런 점도 마음에 안 들었다. 상대에게 이미 상처를 주었는데 자기만 잊으면 무슨 소용인가? 그 또한 이기적인 태도 아닌가? 그런 언니 때문에 어린 시절의 나는 참 상처를 많이 받았다. 지금 생각해 보면 별일도 아닌데 그때는 이런 사소한 일들도 내게 상처가 되었다. 나는 음식을 먹을 때 맛없는 부분부터 먹는다. 그것들을 좋아해서가 아니라 좋아하는 음식을 아껴놓고 마지막에 먹으려는 것이다. 식빵의 경우 부드럽고 말랑말랑한 속살을 오롯이 즐기기 위해 껍질부터 벗겨 먹는다. 그런데 내가 퍽퍽한 껍질을 거의 다 먹었을 즈음 언니가 와서 내 손에 있던 속살을 채간다. 그런 행동만으로도 얄미운데 한 마디를 덧붙인다.

"얘, 세상은 얼마나 공평하니? 너처럼 껍데기만 좋아하는 사람과 나처럼 알맹이만 좋아하는 사람이 따로 있으니."
화가 나고 언니가 미웠지만 나는 아무 말도 못했다. 복수(?)할 날이 오기만 소망했을 뿐이다. 내가 말을 안 하니 언니는 정말 내가 빵 껍데기를 좋아하는 줄 알았다. 언니의 성격으로는 그런 상황에서 불만을 어필하지 않는다는 게 이해할 수 없는 일이었기 때문이다. 어른이 된 후 언젠가 겉으로 표현 안 하는 사람의 '표리부동'을 신랄하게 비난하기도 했다.
"아니, 왜 자기 생각을 솔직하게 표현하지 않는 거야? 그런 식으로 사람 뒤통수를 치다니."

SINCE 1894
HERSHEY'S

자매 사이였지만 언니를 가까이 하기에는 먼 존재로 여겼던 나는 가능한 한 언니의 공간에 다가가지 않았다. 그런데 어느 날 나는 언니의 책상 위에서 초콜릿을 발견하고 말았다. 읽다가 덮어둔 책 아래 있던 허쉬 초콜릿. 일반 상점에서는 구할 수 없는, 외국 식품점에 가야 살 수 있는 커다랗고 두툼한 밀크 초콜릿이었다. 이전에 먹어보지는 못했지만 한 입 베어물면 이가 초콜릿 깊숙이 박히는 식감이나 부드럽게 녹아드는 그 맛은 충분히 상상할 수 있었다.
내 시선이 초콜릿에 박혀 있는 걸 본 언니는 변명처럼 말했다.
"내가 생리통이 심하잖니. 초콜릿을 먹으면 혈액 순환이 잘 되어 생리통이 덜해진다고 해서…."
그때 나는 언니의 말에는 관심이 없었고 오로지 "너도 좀 먹을래?"하고 몇 조각 떼어줄 것만 기대했던 것 같다. 그런데 내가 아무런 말도 하지 않으니 언니는 먹어보라는 말도 없이 초콜릿 은박 포장을 오무려 서랍에 넣었다. 생리통은 핑계고 그냥 치사하다는 생각만 들었다.
'그래, 언니는 자기만 아는 사람이니까.'
초콜릿 사건으로 언니에 대한 편견은 더욱 확고하게 굳어졌다. 이 편견이 사라진 것은 꽤 오랜 세월이 지난 후, 노쇠한 어머니를 언니가 모시기 시작하면서부터였다. 오빠들과 나도 있었지만 언니는 자기가 노쇠한 어머니를 보살피기 가장 좋은 형편이라며 자진하여 어머니를 모셔갔다. 어머니는 5년 동안 언니 집에 계셨고 그곳에서 돌아가셨다. 겪어본 사람은 알겠지만 그 5년은 그냥 5년이 아니었다. 수시로 어머니를 모시고 병원에 들락거리고 집에서도 무엇 하나 자기 뜻대로 안되는 고생스러운 세월이었다. 그래도 어머니는 언니의 도움으로 나름 쾌적하고 편안한 말년을 누리고 돌아가셨다.

어머니가 언니 집에서 사신 후부터 언니가 달리 보이기 시작했다. 정말 언니가 살아 있는 보살, 날개 없는 천사로 보였다. 물론 언니는 다른 4남매에게 자주 하소연을 했다. 그런데 단지 하소연을 들어주기만 하면 된다고 했다. 정말 언니는 우리에게 책임을 지우거나 힘이 되지 못하는 우리 탓을 하지 않았다. 고맙다고 인사하면 언니는 오히려 우리 도움이 크다고 했다.

"내가 하소연할 때 잘 받아줬고 내 모든 결정에 지지하고 따라줬잖아. 너희가 고맙지."

이후 언니 책상에 있던 그 초콜릿에 대한 내 기억도 달라졌다. 그때 내가 "나도 초콜릿 먹고 싶어. 몇 조각 나눠줘"라고 말했다면 흔쾌히 떼어줬을 것이란 뒤늦은 확신이 든다. 돌이켜보니 언니는 내가 손을 내밀면 무엇이든 아낌없이 내주곤 했다. 언니는 그 맛있는 초콜릿 앞에서는 먹겠느냐는 질문이 필요 없다고 생각했을지도 모른다. 초콜릿을 보고도 먹겠다는 얘기를 하지 않는 건 안 먹겠다는 표현이라고 받아들였을 것이다. 그게 언니의 성격이니까.

나도 잘 모르는 내 마음을 드러내지 않으면 누가 알 수 있을까? 언니를 천사로 생각하는 지금의 내 생각도 언니에게 더 솔직하게, 더 자주 표현해야겠다. 그나마 말할 기회를 놓치기 전에….

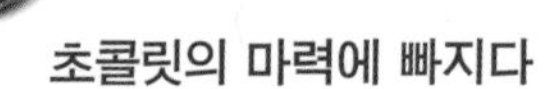

“

Look, there's no metaphysics on earth like chocolate.

”

- Fernando Pessoa

보세요, 초콜릿 같은 형이상학은 세상에 없습니다.

일본 와세다 대학교를 졸업한 후 나는 국내의 한 패션 회사에 입사했다. 나는 지사 설립을 위한 시장 조사를 하러 미국으로, 또 외국 브랜드 관리와 원단 구매 업무를 맡아 유럽으로 자주 출장을 다니게 되었다. 유럽 기업들은 전 세계를 공략하되 몸집을 키우는 것이 아니라 질을 높이는 것이 특징이었다. 동양에서 출발한 실크로드의 종착지였던 유럽. 그들은 제품에 유행을 입혀 보다 높은, 고부가가치의 상품을 만들어내는 탁월한 상인들이었고 그것이 오랜 역사적 전통에서 비롯된 그들만의 노하우였다. 나는 유럽에서 비로소 진정한 상품의 멋을 배울 수 있었다.

내가 초콜릿에 빠져든 것도 그 무렵이었다. 유럽 문화의 중심지 파리에서 초콜릿과 특별한 만남을 가진 나는 초콜릿이라는 단일 상품에 빠져들기 시작했다. 물론 초콜릿을 좋아하는 나는 그 이전에도 여러 가지 초콜릿을 많이 먹었다. 그런데 파리의 초콜릿 가게에서 발견한 '신세계'에는 놀라움을 감출 수 없었다. 당시만 해도 우리나라의 상점들은 외관은 물론 상품도 기계로 찍어낸 듯 획일화되어 있었다. 새롭다 싶으면 너무 파격적이었고 전통 상품은 너무 조잡하거나 너무 고급스러워 쉽게 손길이 가지 않았다. 초콜릿은 너무 달아서 거부감이 일 정도였다.

그런데 초콜릿만 모아놓은 파리의 전문점은 나에게 큰 충격을 주었다. 다양한 상품을 아기자기하게 진열해놓은 가게에 들어가니 마치 동화 속의 나라에 온 착각이 들 정도였다. 프랑스 장인들이 만든 초콜릿은 이전에 먹었던 초콜릿과 그 맛도 달랐다. 고유의 씁쓸한 맛이 무척 마음에 들었다.

"아, 이런 신비로운 것이 있었다니."

나도 초콜릿 사업을 해봐야겠다는 생각이 강하게 몰려들었다. 잘 할 수 있을 것 같았다. 이후 내 머릿속에는 초콜릿 생각만 계속 맴돌았다. 그런데 나를 긴장시킨 것은 초콜릿의 맛만은 아니었다. 초콜릿에는 사람을 끌어들이는 또 다른 힘이 있었던 것이다. 나는 유럽 출장을 자주 다녔는데 이탈리아에 가면 반드시 어느 한 호텔에만 묵게 되었다. 그 호텔이 자리한 호수 주변에는 수많은 호텔이 있었다. 그러니 다른 호텔들도 다녀볼 만했는데 한 곳만 계속 찾는 나를 어느 순간 발견한 것이다.
'이 호텔과 다른 호텔의 차이점은 무엇일까?'
다른 호텔들과 크게 다를 바는 없었다. 단 한 가지 차이점은 침대 머리맡에 초콜릿 두 개씩이 놓여 있다는 점이었다. 그 초콜릿 맛을 잊을 수 없어 나도 모르게 자꾸 그 호텔로 가게 된 것이다. 초콜릿 때문에 고객을 다시 오게 하는 것은 괜찮은 마케팅 같았다. 아니, 대단한 마케팅이었다. 그 호텔의 이름은 달콤함과 함께 내 머리에 새겨졌고 나는 초콜릿을 먹은 게 아니라 그 호텔의 이름을 먹은 것이다.

'초콜릿은 마력을 지녔다.'

나는 그때 진정한 맛의 초콜릿은 많은 사람에게 사랑받는다는 확신을 갖게 되었다. 초콜릿의 마력에 빠져든 것이다. 그런데 우리나라에서의 초콜릿 사업은 긍정적이지 못했다. 동양에서는 서양보다 초콜릿 소비량이 적다는 인식 때문이었다. 하지만 가까운 일본을 조사하면서 전혀 다른 결론을 얻었다. 일본은 세계 초콜릿 소비 중 5위를 차지하고 있었고 음식 문화가 발달한 타이완에서도 초콜릿 시장이 급속 성장하고 있었다. 문제는 시장 규모가 아니었다. 고품질을 유지하고 다양한 상품으로 틈새시장을 파고드는 것이 관건이었다.

나는 직장을 그만두고 초콜릿 회사를 차리기로 마음 먹었다. IMF 외환 위기가 우리나라를 강타한 1998년, 내 나이 34세 때였다. 나의 결정에 아내는 물론 형제들까지 모두 반대했다. 외환 위기 여파가 5년은 지속될 것이고 먹는 장사는 경기에 더욱 민감하니 초콜릿 회사를 차리는 것은 무리라는 것이었다.

"유명 외제 초콜릿이 이미 우리나라에 들어와 시장을 차지했는데 왜 사람들이 네가 만든 초콜릿을 사겠니?"

BONJUNG
Chocolate
1999

가족의 만류에도 불구하고 나는 직장인으로 40세를 맞이하는 것보다 그 기회에 내가 마음에 둔 사업을 하고 싶었다. 신이 인간에게 내려준 고귀한 선물 초콜릿에 황홀한 맛을 더하고 그것을 사려는 사람들을 예쁜 가게에서 맞이하는 사업이다. 그 일은 나뿐만 아니라 그 누구에게라도 로망일 것이다.

"마흔까지만 해볼게. 지금 아무것도 없으니 더 잃을 것도 없어. 빈털터리가 된다 해도 5년 동안 뭔가는 하나 건지지 않을까? 이전에도 다들 나를 말렸지만 그래도 잘 해왔잖아. 그때처럼 한 번만 더 믿어줘."

외환 위기라 해서 기회가 아주 없었던 것은 아니다. 경기가 나빠져서 싼 임차료로 사무실을 얻을 수 있었고 자금난이었지만 원료 수급은 이전보다 더 수월했다. 그렇게 준비를 거쳐 나는 1999년 청주에 '본정'이라는 초콜릿 매장을 오픈했다. 서양에서 수백 년 지속해온 초콜릿 사업과 차별화하여 세계 시장에서 선택될 수 있는 제품은 어떤 것들일까? 우리만의 개성 있는 초콜릿을 만들기 위한 나의 고민은 그때부터 치열하게 계속되었다.

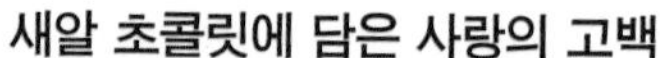

"

Chocolate is the answer to who loves you.

"

- Anonymous

초콜릿은 누가 당신을 사랑하는지에 대한 답변이다.

'나중에 내가 어른이 되면 이런 일 마음대로 해야지.'
'나중에 내가 돈 벌면 이런 음식 실컷 사 먹어야지.'
'나중에 시간이 많아지면 이런 일 꼭 해 봐야지.'
이런 생각들은 나만 한 건 아닐 것이다. 그런데 여건이 갖춰진 후라고 계획했던 일을 모두 실천에 옮기는 것은 아니다. 그런 소망을 잊어서, 식성이 바뀌어서, 더 재미있는 일이 생겨서 어린 시절의 꿈을 그저 꿈으로만 남기는 경우가 많다. 나도 그렇다. 어린 시절 수많은 바람과 꿈과 계획이 있었을 텐데 그걸 실현한 기억은 별로 없다.
음식의 경우 어린 시절의 내가 '나중에 실컷 먹고 싶었던 음식'은 베이컨, 바나나, 새알 초콜릿이라 불리던 초코볼이다. 어린 시절, 새알 초콜릿은 1년에 딱 두 번 먹는 음식이었다. 왜 그랬는지는 모르겠지만 우리집에서는 새알 초콜릿이 봄 · 가을 소풍날의 필수 메뉴였다. 소풍날이 다가오면 엄마나 외할머니는 외제 물건 파는 가게로 가서 큰 봉지에 담긴 미제 새알 초콜릿을 사오셨다. 그 봉지를 뜯어 우리에게 몫몫이 조금씩 나눠주신 거다. 소풍을 가는 사람이나 안 가는 사람이나 우리 5남매는 그렇게 새알 초콜릿을 배급받았다. 배급받는 음식은 언제나 아쉬움을 남긴다. 남의 떡이 커 보인다는 말처럼 언니나 오빠의 몫이 많아 보이기도 했다. 너무도 쉽게 사라져버리는 새알 초콜릿을 아쉽게 내려다보며 '나중에 내가 돈 벌면 새알 초콜릿 실컷 사 먹어야지'라고 생각한 것이다.

하지만 어른이 되어 나는 베이컨도, 바나나도, 심지어는 새알 초콜릿도 잊고 지냈다. 그것들이 흔해지면서 간절한 먹을거리에서 제외된 때문이다. 내가 새알 초콜릿에 대한 추억을 다시 소환한 것은 결혼 전, 어느 해 발렌타인 데이였다. 남자친구에게 초콜릿을 선물하고 싶은데 시중에서 파는 판초콜릿을 사주는 건 좀 성의 없게 여겨졌다. 특별한 초콜릿을 선물하고 싶었던 나는 커다란 와인 잔을 사서 거기에 새알 초콜릿을 가득 채웠다. 그도 나처럼 어린 시절 새알 초콜릿을 감질나게 먹은 추억을 공유하고 있을 테니 말이다.

나중에 우연히 만난 그의 누나가 내게 물었다.

"자기가 걔한테 새알 초콜릿 사줬어?"

"예, 제가…. 왜요?"

"어쩐지 내가 좀 나눠달라고 해도 안 주고 혼자만 먹더라고."

농담 반 진담 반으로 웃으며 일러바치는 누나와 함께 나도 한참을 웃었다. 커다란 와인 잔을 옆구리에 끼고 한 알 한 알 아끼며 소중하게 초콜릿을 먹는 그의 모습이 눈앞에 그려졌기 때문이다.

나는 지금도 매년 발렌타인 데이면 남편에게 초콜릿을 선물한다. 어떤 사람은 "그건 초콜릿 회사에서 만든 상술에 불과하다"라고 말한다. 또 어떤 사람은 "잡은 물고기에 왜 미끼를 주느냐?"라고 말하기도 한다. 하지만 남편은 물고기도 아니고 결혼의 유지가 사랑의 유지는 아니라고 나는 생각한다. 사랑은 움직이는 데다 1년 중 단 하루라도 남편에게 내 사랑을 보여줄 수 있는 건 행복한 일 아닌가?
그럼 화이트 데이에는 남편으로부터 사탕 선물을 꼬박꼬박 받느냐고? 가는 게 있으면 오는 것도 있어야 한다고? 물론 연애 기간 처음 몇 년은 화이트 데이에 사탕을 받았다. 하지만 결혼 후에는 한 번도 사탕을 받아본 적이 없다. 연애 시작한 지 만 6년을 한 달 앞둔 3월 14일 우리는 결혼했고 매년 그날이면 사랑이 가득 담긴 결혼 기념 선물을 주고받기 때문이다.

위로가 되는 음식은 무엇일까?

“

Chocolate is comfort without words.

”

\- Ursula Kohaupt

초콜릿은 말없는 위로이다.

초콜릿과 관련된 문학 작품 중 가장 먼저 떠오르는 것은 라우라 에스키벨의 소설 〈달콤씁싸름한 초콜릿〉이다. 멕시코 작가의 이 작품은 33개 언어로 번역되어 전 세계로 퍼져나갔고 영화로도 만들어졌다. 하지만 제목과는 달리 이 작품 전체는 초콜릿에 대한 것이 아닌, 요리책처럼 독특하게 구성된 아름다운 사랑과 성(性)의 이야기이다.

이 소설에는 1년 열두 달을 나타내는 각각의 요리가 소개되어 있다. 그중 9월 주현절 요리가 바로 초콜릿과 주현절 빵이었다. 책의 배경이 카카오의 원산지여서인지 주인공 티타는 카카오 열매를 볶는 것부터 요리를 시작한다. 카카오 열매가 다 볶아지면 열매와 껍질을 분리하여 가루로 빻아 반죽하고 모양을 만드는 것까지, 주인공은 초콜릿을 만드는 전 과정을 자신의 부엌에서 소개한다. 열매를 볶아 나온 기름에 아몬드유를 섞어 입술에 바를 립글로스를 만들기도 한다.

크리스트 교도들의 명절인 주현절, 혁명군에 가담한 언니가 방금 만든 초콜릿을 한 잔 마시고 싶다며 티타의 집에 찾아왔다. 초콜릿을 물에 녹이고 끓이며 우유를 타고 다시 끓이고 잘 저어주고… 초콜릿 음료는 정말 많은 정성이 필요한 음료였다. 덜 끓이거나 너무 오래 끓이면 탄 맛이 나거나 너무 걸죽해져 맛이 떨어진다. 티타는 언니를 위해 정성을 다해 초콜릿 음료를 만들었다. 언니는 그 음료를 한 모금씩 마실 때마다 눈을 지그시 감았다. 어머니의 초콜릿 맛이, 어머니 집의 따뜻함이 느껴졌던 것이다. 어머니와 함께 살던 그 시절로 돌아갈 수 있다면 얼마나 좋을까? 그나마 초콜릿이 있어서 얼마나 많은 위로를 받을 수 있는가.

추억의 대부분은 음식을 통해 남아 있다. 부모님이 즐겨 드시던 음식, 어머니가 자주 만들어주던 음식, 사랑하는 사람과 함께 나누던 음식을 볼 때마다 그들을 떠올리게 된다. 특히 어린 시절 어머니가 해주시던 음식에 대한 향수 하나쯤은 누구에게나 있게 마련이다.

나의 경우 서울 토박이이셨던 시어머니의 음식이 때때로 생각난다. 친정어머니도 나름 음식 솜씨가 좋았지만 웬일인지 50대 중반부터 집안 살림에 진력을 내셨다. 더 이상 부엌에서 음식 만드는 것도 싫다고 하셨다. 하지만 시어머니는 90세가 넘도록 자식들을 위한 음식 만들기에 온 힘을 기울이셨다. 기력이 쇠한 후로는 도우미 아주머니의 손을 빌려서라도 당신의 음식을 만드셨다.

그중 가장 잊히지 않는 것은 정월 대보름에 먹는 삼색, 아홉 가지 나물이다. 나도 오곡밥까지는 비슷하게 하겠는데 이 아홉 가지 나물 맛은 도저히 흉내낼 수 없다. 아니, 다섯 가지 정도 준비하고는 지쳐버린다. 어차피 비슷비슷한 맛인데 꼭 아홉 가지를 채워야 하는가? 시장에서 사다가 아홉 가지를 채우는 것도 의미가 없다. 어머니 표 나물 맛이 안 나는 것은 물론이고 어머니처럼 내 손으로 직접 만들지 않는다면 가짓수가 무슨 의미가 있겠는가. 음식 솜씨는 정성과 정비례할 것이다. 내가 시어머니 음식 솜씨를 재현하지 못하는 것도 정성이 부족해서가 아닐까? 대보름 때면 어머니 생전에 곁에 진득이 붙어 그 솜씨를 배우지 못한 게 아쉬워진다.

세월이 흐르고 세대가 바뀌어 어느새 내가 딸에게 내 음식 솜씨를 전해줄 나이가 되었다. 나는 28년 동안 한집에 살았던 친정어머니에 대한 추억은 별로 없다. 문득 내 딸은 나를, 내가 만들어준 음식 맛을 어떻게 추억할 것인지도 궁금해진다. 물론 세상도 입맛도 많이 바뀌었다. 요즘 세대는 술 마신 다음 날 아침, 얼큰하고 칼칼한 국물이 아니라 피자나 샌드위치를 먹어야 해장이 된다고 한다. 나도 어머니들과는 다르다. 딸이 내게 음식 레시피를 물어보면 "인터넷에서 검색하라"라고 말한다. 앞으로는 추억 속의 음식이 아니라 자기가 평소 좋아하던 음식으로 부모를, 사랑하는 사람을 추억하게 될지도 모르겠다. 어떤 음식을 먹든 스스로 대뇌의 행복 중추를 자극한다면 그것이 추억의 음식이 될지도 모르겠다.

카카오의 본고장 멕시코의 작가가 쓴 〈달콤쌉싸름한 초콜릿〉 등장 인물들에게 초콜릿이 위로의 음식이 되듯이 나에게, 내가 사랑하는 사람들에게도 위로가 되는 음식이 있을 것이다. 하지만 이제껏 그것을 인식할 생각은 하지 못했다. 나에게, 그들에게 위로의 음식은 무엇일까? 되살리기 힘든 어머니의 손맛을 찾아 헤맬 것이 아니라 내 가까이에 있는 위로의 음식을 찾아봐야겠다.

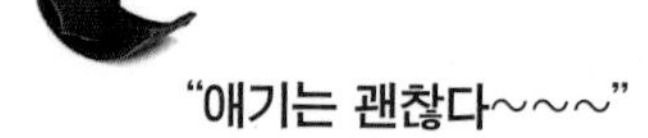

"애기는 괜찮다~~~"

“

Keep calm, and eat chocolate.

”

- Anonymous

침착함을 유지하라, 그리고 초콜릿을 먹으라.

딸이 세 살 즈음, 외가에서 장식장 유리에 부딪혀 머리를 심하게 다친 적이 있다. 그날 점심 먹고 회사에 들어서는데 만나는 직원마다 그 소식을 전했다. 휴대폰이 없던 시절, 친정아버지는 대여섯 번 넘게 회사에 전화를 거신 거다. 위급한 소식은 파편처럼 내게 쏟아졌다. 곁에서 직원들이 빨리 가보라고 성화를 댔다. 택시를 타고 가는 두 시간 동안 나는 오만 가지 생각을 다 했다. '병원에 도착하면 아이는 이미 저 세상으로 가버렸을 수도 있다.' 하지만 그 긴박한 상황 가운데 내 안에서 들려오는 목소리는 오로지 '침착해야 한다, 받아들여야 한다'라는 것이었다.
무엇이 나를 그렇게 이끌었는지 지금도 알 수 없다. 그렇게 마음을 다져서인지 상황에 대한 실감이 부족해서인지 나는 슬프지도, 눈물이 나지도, 조급하지도 않았다.

내가 생각을 정리하는 동안 택시는 병원에 도착했다. 택시가 현관 앞 로타리를 돌아들어가는데 저 멀리서 두 팔을 휘저으며 달려오는 사람이 보였다. 바깥에 나와 나를 기다리던 아버지였다. 아버지는 큰소리로 외치며 택시 쪽으로 달려오셨다.

"애기는 괜찮다, 애기는 괜찮다~~~"

아버지의 외침으로 일단 최악의 상황이 아님을 알게 된 나는 아버지를 끌어안고 길거리에서 펑펑 울었다. 처음 소식을 들은 순간부터 그때까지 나를 짓눌렀던 스트레스가 한꺼번에 울음으로 터져 나온 것이다. 울음을 멈춘 후 정신을 차리고 아버지를 본 나는 새삼스럽게 깜짝 놀랐다. 당시 친정아버지는 고관절 수술한 지 얼마 안 되어 집안에서도 거동이 불편했었다. 그런데 그렇게 멀쩡하게 뛰어오시다니. 이모인 언니가 딸을 보살피는 동안 아버지는 1층으로, 2층으로 뛰어다니며 종합병원의 그 복잡한 수속을 다 하셨다고 했다. 그건 또 무슨 힘이었을까?

응급실에 들어가 보니 딸이 머리에 붕대를 터번 같이 동여매고 침대에 오도만이 앉아 있었다. 다행히 외상만 입은 터라 상처 부위를 몇 바늘 꿰매는 응급 수술을 마쳤다고 했다. 딸은 나를 보자마자 외쳤다.

"엄마, 배고파!"

나는 간식으로 핸드백에 넣어 다니던 초코바를 꺼내 딸 손에 쥐어줬다. 딸은 손에 들고 있던 초코우유를 내게 주고 초코바를 받아 맛있게 먹었다. 그 작은 이빨로 초코바를 와작와작 씹어 야무지게 먹는 모습은 "정말 다 무사하고 모든 게 정상이야"라고 말해주는 듯했다. 그제야 딸 곁에 탈진한 표정으로 앉아 있던 언니가 눈에 들어왔다. 언니의 옷 앞섶은 딸의 핏자국으로 온통 물들어 있었다. 머리에서 계속 피를 흘리는 조카를 안고 병원으로 달려왔을 언니의 사투의 흔적이었다.

손에 들고 있던 초코우유를 무심결에 마셨다. 빨대를 따라 올라오는 미지근하면서 들큰한 맛. 그게 편안함과 안도의 맛이었을까? 언니를 껴안고 또 한바탕 울고 난 후의 일이다.

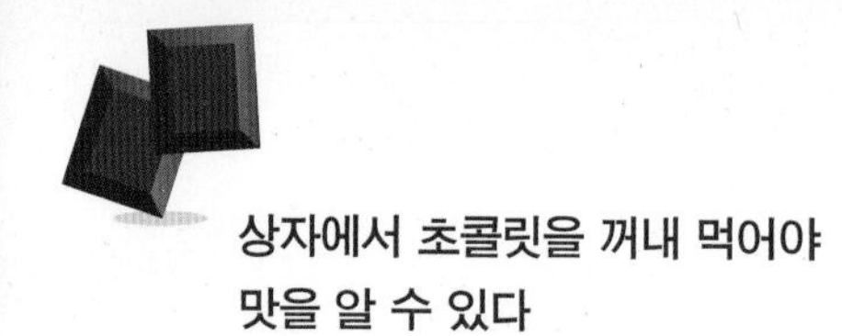

상자에서 초콜릿을 꺼내 먹어야
맛을 알 수 있다

Put "eating chocolate" at the top of your to-do list today. In this way, at least one thing you will do.

- Anonymous

오늘 할 일 목록의 맨 위에 '초콜릿 먹기'를 넣으세요.
그러면 당신은 적어도 하루 한 가지 일은 할 것입니다.

CORNÉ PORT-ROYAL
CŒUR VELOURS
« Uno »
1 chocolat
ALCOHOL - FREE
3.80 €
CORNÉ PORT-ROYAL
ÉTUI ST VALENTIN
9 chocolats assortis
ALCOHOL - FREE
7.90 € - 115g net

'포레스트 검프'는 초콜릿을 주제로 한 영화가 아니다. 그런데 영화 속 한 마디 대사가 이 영화를 연애 영화도, 전쟁 영화도, 마라톤 영화도, 장애인 영화도, 미국 현대사 영화도, 성공한 사업가 영화도 아닌 대표적인 초콜릿 영화로 만들었다.

"인생은 초콜릿 상자와 같은 거야. 네가 무엇을 고를지 아무도 모른단다."

주인공 포레스트의 어머니는 그가 어렸을 때부터 무슨 일이 생길 때마다 이 말을 해주었고 이는 포레스트 일생의 좌우명이 되었다. 초콜릿 상자 안에 줄줄이 들어 있는 동글동글한 초콜릿은 다양한 맛을 담고 있다. 초콜릿보다 더 달콤한 크림이 들어 있을 수도 있고 몇 개 먹으면 취하게 만드는 술이 들어 있을 수도 있다. 확실한 것은 먹어보지 않으면 무엇이 들어 있는지, 무슨 맛인지 알 수 없다는 점이다. 인생도 그렇다. 부딪혀보지 않고서는 어떤 일이 닥칠지 알 수 없다.

인생이 초콜릿 상자와 같다는 말도 의미심장하다. 어떤 맛의 초콜릿이든 초콜릿은 다 맛있다. 포레스트는 초콜릿을 특히 좋아해서 한꺼번에 150만 개는 먹을 수 있다고 허풍을 떤다. 그에게 '초콜릿 같은 인생'이란 아름다운 인생이다. 아이큐가 75밖에 되지 않아 공립학교 입학에 어려움이 있었던 포레스트지만 그는 나름 성공의 길을 걷는다. 아니, 그는 세상을 긍정적으로 바라보고 자신의 주변에서 어떤 일이 일어나든 상자 속 초콜릿처럼 나쁠 건 없다고 생각한다.

긍정으로 세상을 보고 초콜릿 상자 안에서 언제라도 맛있는 초콜릿을 고를 수 있을 거라는 확신 덕분인지 그에게는 매일 기적이 일어난다. 사실 그는 무엇을 바라거나 크게 희망을 걸지도 않았다. 하지만 그의 나날은 '새옹지마'의 연속이었다. 못된 친구들을 피하려다가 대학 풋볼 선수로 발탁되어 대학 졸업자가 되었고 월남전에 참전한 전쟁 영웅도 되었다. 우연히 배운 탁구로 나라에 커다란 공을 세웠고 새우잡이 배 선장으로 돈도 많이 벌었다. 사랑하는 여자는 죽었지만 분신 같은 아들을 남겼다. 나름 해피엔딩이다.

아, 그런데 좀더 세심하게 이 영화를 들여다 보면 초콜릿 영화가 분명하다. 영화의 앞 부분, 정류장 벤치에 앉아 버스를 기다리는 사람들에게 자기 이야기를 하기 시작하는 때부터 주인공 포레스트 검프는 계속 초콜릿 상자를 들고 있다. 간간이 곁에 앉은 사람에게 초콜릿을 권하기도 하고 자기도 몇 개 집어 먹는다. 버스정류장에서의 내레이션은 영화의 4분의 3 정도까지 이어진다. 그러니까 이 초콜릿 상자는 영화의 시작부터 거의 끝날 때까지 주인공과 함께 화면에 나타나는 것이다.

포레스트가 들고 있는 초콜릿은 여자친구 제니에게 주려고 산 선물이다. 영화를 보는 사람들은 그 초콜릿 상자를 볼 때마다 포레스트의 어머니가 해준 그 말 "인생은 초콜릿 상자와 같은 거야. 네가 무엇을 고를지 아무도 모른단다"라는 말을 떠올린다. 그리고 이후 포레스트가 어떤 초콜릿을 고를지, 즉 어떤 삶을 살게 될지 기대하게 된다. 영화 내내 관객은 초콜릿을 머릿속에 떠올리고 있는 것이다. 그러니 어찌 이 영화를 초콜릿 영화가 아니라고 하겠는가?

버스를 기다리며 한참 동안 자기 이야기를 하던 포레스트는 이미 목적지 동네에 와 있음을 알게 된다. 이 설정도 참 의미있게 받아들여진다. 인생은 그런 것이다. 상자 속 초콜릿을 꺼내 먹듯 인생을 즐기며 살다보면 자신도 모르는 새에 목적지에 도달해 있는 것. 삶을 빡빡하게 계획하고 아등바등 산다고 행복해지는 게 아니라는 것. 영화 속 포레스트의 삶과 초콜릿 상자 비유가 어느새 보는 사람까지 이런 생각에 물들게 만든다. 신이 준 운명 안에서 최선을 다해 사는 것이 인간의 삶이다. 자신의 운명이 무엇인지는 스스로 알아내야 한다. 이런 대사들로 결국 초콜릿 상자에서 초콜릿을 집어 입에 넣어야 그 맛을 알 수 있다는 이야기로 돌아간다. 삶이 무서워 아무 일도 하지 않는다면 인생의 쓴 맛은 물론 단 맛마저도 경험할 수 없는 것이다.
포레스트 엄마는 "죽음도 삶의 일부이다"라는 또 다른 명언도 남겼다. 그러니 죽음을 의연히 받아들여야 한다는 것이다. 만일 인간이 영원히 산다면 하루하루가 권태롭고 지루하기 짝이 없을 것이다. 그러니 죽음이 있기에 삶이 더 아름답다고 할 수 있다. 초콜릿의 쌉싸름한 맛 덕분에 설탕의 단 맛이 유난히 빛을 발하는 것과 마찬가지 이치이다.

Chapter 2

카카오 초콜릿으로 다시 만나리

초콜릿만큼 오묘한 식품이 또 있을까? 달콤하고 쌉쌀한 이율배반적인 맛, 감정을 드러내지 않는 적갈색, 진한 피를 연상케 하는 끈적임, 쉽게 녹고 재빨리 다른 모습으로 변하는 성질 등 초콜릿의 신비로운 매력은 끝이 없다. 카카오라는 과일의 저 깊숙하고 단단한 씨앗에서 원료를 찾아냈다는 것도 놀랍지만 그 쓰디쓴 씨앗에서 어떻게 그런 독특한 풍미를 만들어낼 수 있었을까? 그 검붉고 쓴 음료를 처음 마실 생각을 한 용감한 사람은 또 누구일까?

3천 년 전부터 초콜릿의 원료인 카카오를 재배하고 그 열매를 취했다고 하지만 그건 정확히 알 수 없다. 다만 3천 년이 지나도록 카카오로 만든 초콜릿은 여전히 신비주의를 지키고 있다. 이 여러 가지 신비로움과 거부할 수 없는 맛에 취한 인류는 카카오를 '신들의 선물', '신들의 음식'이라고 불러왔다. 또 스웨덴의 식물학자 칼 폰 린네는 아예 카카오에 '신들의 음식'이라는 학명을 과감하게 붙였다. 카카오로 만든 초콜릿을 사랑함으로써 우리 인간은 신들의 향연에 당당히 참여하게 된 것이다.

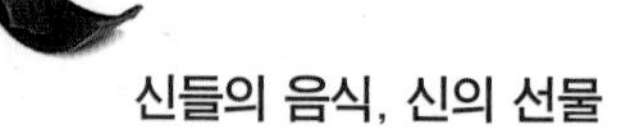

“

**Chocolate is,
rather than nectar or
ambrosia,
the true food of the
gods.**

”

- Joseph Bachot

초콜릿은 넥타나 암브로시아보다 더 진정한 신의 음식이다.

습한 열대 밀림에서 자라난 카카오 열매를 처음 열어본 사람은 대체 누구일까? 과육도 아니고 떫고 쓴 씨앗을 발효시키고 갈아서 초콜릿으로 만들어낸 사람은 대체 누구일까? 처음에는 카카오 열매를 모아놓고 그 내용물을 빨아먹는 원숭이를 보고 그것이 먹을 수 있는 열매임을 알았다. 인간 세상에서 초콜릿의 역사가 시작된 것은 10세기 이전의 마야 문명 무렵이다. 마야 사람들이 문서나 그릇 등에 카카오나무나 초콜릿 만드는 모습을 그려넣기 시작한 것이다.

물론 그 이전에도 중앙아메리카에서 카카오나무가 재배되고 초콜릿 음료를 만들어 먹은 흔적은 찾을 수 있다. 그런데 마야 사람들은 카카오를 신이 내려준 신성한 나무로 여겼고 그 사실을 유적과 그림문자에 좀더 확실히 기록한 것이다. 마야 문명 전성기에 만들어졌을 것으로 추정되는 '드레스덴 고문서'에는 여러 모습으로 형상화된 신들이 등장하는데 그 앞에 카카오 열매가 수북히 쌓여 있는 그림이 남아 있다. 그 그림에는 "카카오는 그의 음식이다"라는 문구도 들어 있다. 또 마야 사람들은 도시를 만들고 그곳에 거대한 궁전과 신전을 지었다. 그리고 그 신성한 건물들에 카카오 열매가 담긴 벽화를 그려 넣었다.

마야 귀족들의 무덤에서는 도자기 그릇이 발견되었는데 그 그릇들은 죽은 귀족이 저승에서 먹고 마실 음식과 음료를 담은 것들이었다. 그런데 그 그릇에 새겨진 문자도 카카오라는 단어를 담고 있다. 그들은 카카오가, 초콜릿이 '신의 음식'이었기에 죽은 사람의 저승살이에 도움이 될 것이라 생각했을 것이다.

마야 부유층에서는 결혼식 때 초콜릿 음료를 마셨다. 음료뿐만 아니라 결혼의 상징으로 카카오를 사용하였다. 마야족 결혼식에서 신부는 신랑에게 색색으로 칠해진 작은 의자와 카카오 다섯 알을 주면서 "당신을 남편으로 받아들이는 징표로 이 물건을 드립니다"라고 말하고 신랑도 신부에게 치마 몇 벌과 카카오 다섯 알을 주며 같은 말을 했다고 한다. 마야족 키체 왕국의 어느 왕은 배우자를 구하려고 사신을 보낼 때 붉은 음료와 거품 낸 초콜릿이 들어 있는 그릇을 함께 보냈다는 이야기도 전한다.

12~15세기의 아스텍 문명에서도 카카오나무는 여전히 '신의 음식'으로 숭상되었다. 아스텍 사람들은 카카오가 천상과 지상을 연결해주는 다리라고 생각했다. 아스텍에는 문화를 전해주는 케찰코아틀 신이 인간에게 카카오나무를 가져와 음료로 만드는 방법을 알려줬다는 전설이 전한다. 또 다른 전설도 있다. 어느 공주가 왕국의 보물이 어디 있는지 적에게 숨기기 위해 스스로 목숨을 끊었는데 그때 흘린 피에서 자란 것이 카카오나무라는 것이다. 그래서 초콜릿의 쓴 맛은 그녀의 고통을, 진한 빛깔은 그녀의 피를 상징한다고 한다.

아스텍 사회에서는 초콜릿이 사람들의 음료로 비교적 일상화되었다. 아스텍 시대의 한 도자기에는 여인이 원통형 그릇을 높이 들어 땅에 있는 다른 그릇에 액체를 따르는 모습이 그려져 있다. 이는 초콜릿 음료의 거품을 내는 장면으로 추정된다. 하지만 신의 선물은 아무나 누릴 수 없고 왕족이나 귀족, 몇몇 부유한 사람 같은 특권층만이 즐길 수 있었다. 예외적으로 평민 중에서도 전쟁터에 나가는 전사들에게는 초콜릿을 마실 수 있는 특권이 주어졌다. 전쟁터에서는 신의 도움으로 힘을 내야 했기 때문이다. 또 피를 상징하는 초콜릿은 원기와 용기를 솟게 한다는 인식 때문에 두고두고 군대 식량에 포함되었다. 아스텍 전사의 최고 지위인 '독수리의 전사'나 '재규어의 전사'를 임명하는 의식에도 초콜릿이 주어졌다.

아스텍 사람들은 쓰고 기름진 초콜릿을 차갑게 마셨다. 당시 초콜릿은 최음 효과가 있다고 알려져서 결혼식 행사나 왕실의 모든 축제에 음료로 등장하였다. 아스텍의 몬테수마 왕은 하루에 쉰 잔 이상 마셨다는 이야기도 전한다. 또 제례 등 종교 행사 때 초콜릿을 얼굴에 바르기도 했다. 그만큼 초콜릿은 신비한 효능을 지닌 음료로, 생명력의 원천으로, 신의 선물로 오랫동안 그 자리를 지켜온 것이다.

18세기 에스파냐 사람 제로니모 피페르니는 "초콜릿은 신성한 천국의 음료로서 별들이 흘린 땀이고, 생명의 씨앗이며, 성스러운 음료, 신들의 술로서 모든 병에 효과 있는 만병통치약이다"라고 극찬했다.

그런데 애당초 마야 사람들이나 아스텍 사람들은 왜 초콜릿을 '신의 음식', '신의 선물'이라 생각했을까? 사실 카카오를 귀한 음식으로 여긴 것은 한정된 양만 얻을 수 있었기 때문에 카카오 소비를 규제하기 위한 전략이었을 가능성이 높다.

그러나 좀더 감성적으로 생각해보면 오감을 자극하는 초콜릿의 여러 가지 요소 중에서도 오묘한 쓴 맛이 매력의 중심에 있었을 것 같다. 그 떫은 듯 쓴 맛의 원두를 버리지 않고 음식으로 만든 것은 바로 그 맛이 인간을 유혹하는 '뭔가'를 지녔기 때문이다. 그러나 처음에는 그 뭔가를 찾아내기 쉽지 않았을 것이다. 또 그 맛을 이해하고 제대로 음미하고 나아가 즐기기까지 하는 것은 더욱 어려운 일이었을 것이다. 아무나 쉽게 다가갈 수 없는 초콜릿의 세계, 그래서 초콜릿이 신의 영역에 머무를 수 있었던 것이 아니었을까?

“

Life without chocolate is a life that lacks something important.

”

- Frederic Morton

초콜릿이 없는 삶은 중요한 것이 결핍된 삶이다.

초콜릿 원료 카카오의 고향이 아메리카 대륙임을 모르는 사람은 거의 없다. 카카오가 전 세계로 퍼져나간 것은 콜럼버스에 의해 유럽으로 건너온 이후이다. 콜럼버스가 아메리카 대륙에 '도착'한 사건은 오랫동안 '신대륙 발견'이라고 불려왔다. 그러나 '발견'도 아니고 '신대륙'이라는 용어 사용도 조금 조심스럽다. 이미 오래 전부터 그 대륙에는 사람이 살고 있었고 유럽과는 전혀 다른, 그러나 그에 못지 않은 문명을 이룩하고 있었기 때문이다.

콜럼버스 이후 아메리카 대륙을 개척하고 정복하는 데 가장 선두에 선 나라는 에스파냐이다. 브라질을 제외하고는 멕시코 이하 남미의 모든 나라가 에스파냐의 식민지였거나 많은 영향을 받았다. 그래서 막연하게 콜럼버스도 에스파냐 사람이라고 생각하게 된다. 그런데 콜럼버스는 의외로 이탈리아 출신의 탐험가이다.

콜럼버스는 에스파냐 이사벨라 여왕의 후원으로 산타마리아 호를 타고 서쪽을 향해 떠났다. 차와 향료가 풍부한 인도를, 중국을, 일본을 만나기 위해서였다. 국제적 공조로 이뤄진 그의 항해는 일단 실패였다. 콜럼버스는 자신이 원하던 곳에 닿지 못했기 때문이다. 그는 네 번이나 서인도 제도에 갔지만 죽을 때까지 그곳이 인도 못지 않게 엄청난 가치를 가진 땅임을 알지 못했다.

카카오를 처음 유럽 땅으로 가져온 사람도 콜럼버스였다. 콜럼버스가 카카오를 만난 것은 그가 서인도 제도에 네 번째로 방문했을 때였다. 지금의 온두라스 연안의 구아나자 섬에 도착한 콜럼버스는 원주민인 아스텍인들과 만났다.

콜럼버스 항해의 본래 목적은 정복이 아니라 교역이었으므로 가는 곳마다 귀한 물건을 찾아야 했다. 그런데 원주민들이 귀한 물건인 양 커다란 자루 가득 담아 내민 것은 아몬드 같이 생긴 씨앗이었다.

"인디언 노예 스물다섯 명이 노를 젓는 커다란 배가 우리를 맞았다. 그들이 타고 있던 커다란 배에는 질 좋은 면으로 만든 옷, 날카로운 돌조각이 박혀 있는 전투용 몽둥이, 소형 도끼, 동으로 만든 종 등이 실려 있었다. 그늘에 앉아 있던 인디언 추장은 우리에게 선물을 내놓았는데 옷감과 구리로 만든 아름다운 물건, 그들이 화폐로 쓰는 아몬드였다. 그들은 아몬드로 만든 음료를 우리에게 대접했다."

그 아몬드 같이 생긴 카카오 원두가 땅에 떨어지면 마치 자기 눈알이 떨어진 것처럼 놀라 허리를 굽혀 찾을 정도로 아스텍 사람들은 그것을 소중하게 여겼다. 하지만 뭔가 더 신기하고 값나가는 것을 기대했던 콜럼버스가 쓴 항해일지에는 실망이 여실히 드러나 있다. 실망의 기색을 알아차린 원주민들은 그 씨앗이 아주 특별한 음료를 만드는 원료라며 그 자리에서 초콜릿 음료를 만들어 내밀었다. 음료를 맛본 콜럼버스의 실망감은 더욱 더 깊어졌다. 시커멓고 쓰디쓴 맛에 호감을 가질 수 없었던 것이다. 하지만 콜럼버스는 그들이 준 카카오 자루를 배에 싣고 유럽으로 돌아왔다. 단지 신기한 것으로 유럽 사람들에게 소개하기 위해서였다.

500년도 더 지난 일이니 확인할 수 없다. 하지만 콜럼버스가 목숨을 걸고 서쪽으로 항해한 가장 큰 목적은 자신을 후원한 이사벨라 여왕에게 보람과 부로써 보답하는 것이었으리라. 에스파냐 바르셀로나에 서 있는 콜럼버스 동상을 보고 온 한 작가는 그 동상의 손이 아메리카 대륙과 대서양이 있는 서쪽이 아닌 그 반대편을 가리키고 있다고 했다. 이는 콜럼버스가 새로운 대륙보다는 여전히 유럽에 더 관심이 두었다는 뜻일지도 모른다는 것이다.

1992년 미국 미네소타에서는 희한한 일이 벌어졌다. 그 해는 콜럼버스의 아메리카 대륙 도착 500주년이었는데, 미네소타 대학 인권센터가 콜럼버스에게 현대 법을 적용하여 모의재판을 한 것이다. 그는 학살, 강제 노동, 유괴, 폭행, 상해 등의 혐의로 기소되었고 재판 결과 350년 형을 선고받았다. 또 '신대륙 발견'이라는 말도 폐기되고 '콜럼버스의 달걀'도 발상의 전환이 아니라 생명을 깨버리는 비정한 폭력의 대명사가 되어버렸다.

콜럼버스는 아메리카 대륙에 식민지를 건설하지도, 원주민을 노예로 삼아 부리거나 잔혹하게 학살하는, 본격적인 정복의 역사에는 참여하지 않았다. 그는 황금은커녕 원주민의 소중한 재산인 카카오의 가치조차도 제대로 알지 못했다. 하지만 아스텍 문명과 잉카 문명이 파괴되고 원주민들이 유럽으로부터 들어온 전염병으로 죽어간 책임까지 모두 콜럼버스가 뒤집어 쓴 것이다.

역사에 대한 가정은 의미가 없다고 한다. 하지만 콜럼버스가 돈을 잔뜩 벌고 서둘러 유럽으로 돌아가려는 조급함을 버리고 원주민을 이해하고 그들에게 가까이 가는 데 더 힘을 기울였다면 어떤 결과가 일어났을까? 아스텍 사람들이 내민 초콜릿 음료를 천천히 음미하며 그 쓴 맛 속에 담긴 의미를 깊이 생각하고 받아들였다면 어땠을까? 그랬으면 콜럼버스에 대한 평가는 물론 아메리카 대륙의 역사도 달라지지 않았을까?

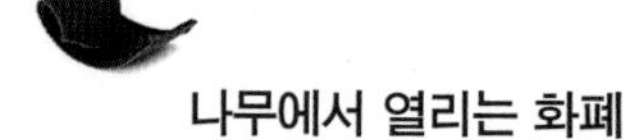

“

Money can talk, but chocolate sings.

”

- Anonymous

돈은 말할 수 있지만 초콜릿은 노래합니다.

고대에는 거의 어디서나 물물 교환을 했다. 또 화폐가 없으니 어떤 물건인가를 정해서 화폐 대용으로 썼다. 화폐는 어차피 사회의 약속이니 그것이 무엇이든 상관없다. 조개껍질을 화폐로 쓴 역사도 있다. 지금 우리가 절대적으로 신뢰하는 종이로 된 화폐도 먼 훗날 사람들로부터 "그 시절 쬐끄만 종이쪽이 화폐로 쓰였다"라고 평가받을 수도 있다. 이미 '돈' 아닌 화폐가 많이 등장하고 있지 않은가.

로마 시대에는 군인의 봉급 중 일부를 소금으로 지급했다고 한다. 당시에는 금과 소금의 가치가 비슷했기 때문이다. 로마 군인에게 지급되는 급료를 '살라리움(salarium)'이라 했는데 이는 '소금(sal)'과 '인간(arius)'이 합쳐져 생긴 말이다. 이 말이 영어권에서 정기적 급료를 뜻하는 '샐러리(salary)'로 굳어진 것이다.

이렇게 역사에서의 실물 화폐의 거래는 드문 일이 아니었다. 우리 역사에서도 정부가 '돈'이라는 실질 화폐를 처음 발행한 것은 10세기 무렵 고려 때이다. 그나마 대중이 일반적으로 사용한 것은 훨씬 이후의 일이다. 그런 의미에서 아스텍을 비롯한 중앙아메리카 사람들이 카카오 원두를 화폐로 사용한 것은 그다지 대단한 일은 아니다.

그러나 금이나 은을 가치 있는 화폐로 생각하던 유럽 사람들의 눈에는 나무에 주렁주렁 열린 카카오 열매의 씨앗을 화폐로 사용하는 것이 신기하게 보였을 것 같다. 이른바 '돈이 열리는 나무'를 눈앞에서 볼 수 있었으니 말이다. 게다가 가끔은 그 원두를 갈아서 음료로 마시니 금가루를 물에 개서 마시는 것처럼 놀라운 일이었을 것이다.

에스파냐 정복 당시 아스텍 왕국의 몬테수마 2세 왕은 국내에서 카카오 원두를 가장 많이 보유한 최고의 부자였다. 그의 창고에는 2만 4,000개의 원두가 든 자루 4만 개가 있었다고 한다. 10억 개에 가까운 원두를 소유했던 것이다. 이 원두는 화폐로 쓰이니 무게나 부피가 아니라 당연히 개수로 그 가치를 환산했다.

당시 카카오 원두의 가치는 어느 정도였을까? 기록에 의하면 노예 한 명을 사는 데 100알이, 토끼 한 마리를 사는 데는 네 알이 필요했다. 아주 살이 많은 암컷 칠면조 한 마리는 질좋은 카카오 원두 100알, 수컷 카카오는 200알, 금방 따낸 아보카도 한 개는 카카오 원두 세 알, 큰 토마토 한 개는 원두 한 알 등에 거래되었다는 기록도 있다. 현재 우리는 이런 거래를 안 하기 때문에 그 가치를 정확히 알기는 어렵다. 다만 당시에는 카카오 원두가 세금을 내고 급료로도 사용되었다고 하니 화폐로서의 가치가 상당했다는 것만은 분명히 알 수 있다. 화폐로 쓰일 만큼 가치가 있으니 가짜 원두가 만들어지기도 했다. 오늘날의 위조지폐와도 같은 것이다. 질이 좋지 않은 카카오를 섞어 양을 불리는 수법은 흔히 쓰였는데 아스텍 사람들의 가짜 카카오 원두 만드는 기술은 아주 뛰어났다고 한다.

아스텍 사람들이 카카오 원두가 가득 든 자루를 내밀며 상품 교환을 제의했을 때 콜럼버스는 황당해 했지만 아스텍 사람들은 정당한 가치를 지불하려 한 것이다. 얼마 지나지 않아 에스파냐 사람들도 아메리카 현지에서 카카오 원두가 음료의 재료 이상의 가치를 지녔음을 알아차렸고 자신들도 카카오 원두를 화폐처럼 사용하기 시작했다. 에스파냐 정복자들은 현지인들을 일꾼으로 부리면서 카카오 원두로 임금을 지급했고 더 많은 '갈색 금'을 얻기 위해 카카오 재배지를 넓혀나갔다. 이른바 '금 따는 콩밭'을 늘려나간 것이다.

'신세계'라는 말을 처음 사용한 이탈리아의 작가 피터 마터는 자신의 책 〈신세계〉에서 카카오 원두를 '꿈 같은 화폐'라고 표현했다. 그렇게 말한 이유는 황금이나 은으로 된 화폐처럼 이것을 얻으려는 인간들의 탐욕으로 전쟁의 공포에 휩싸이는 일도 없을 것이기 때문이라 했다. 즉 이 화폐는 나무에서 열리는 것인 덕분이다.
에스파냐 사람들 입장에서 보면 카카오는 참으로 놀라운 존재였을 것이다. 단지 돈은 교환의 가치를 지닐 뿐이지만 카카오는 돈의 역할에 더해 그 자체를 마시면 식량이나 약의 대용이 될 수도 있다. 거기다 그 재배량을 마구마구 늘릴 수 있었을 테니 말이다. 만일 당시 그들이 카카오 원두에서 나오는 초콜릿의 맛과 효능까지를 알게 되었더라면 식민지에서 금보다 카카오 약탈에 더욱 혈안이 되었을 것이다. 돈은 그저 돈이다. 하지만 초콜릿은 돈 이상의 행복감을 사람들에게 선사하기 때문이다.

“

It’s always a good time to eat chocolate.

”

- Anonymous

초콜릿을 먹기에는 언제나 적당한 시간이다.

17세기 멕시코 치아파스의 성당에서는 희한한 광경이 벌어졌다. 에스파냐에서 건너온 백인 귀부인들이 미사나 심지어 기도, 설교 중에도 초콜릿을 마신 것이다. 당시 멕시코에 살던 에스파냐 사람들은 하루에도 몇 잔씩 초콜릿을 마실 정도로 초콜릿을 사랑했는데 미사 시간도 예외는 아니었던 모양이다. 미사에 방해받은 주교는 미사 중 초콜릿을 마시지 말라고 말렸다. 하지만 초콜릿을 포기할 수 없었던 귀부인들은 핑계를 만들어냈다.

"저는 위가 약해서 미사나 기도 중에 뜨거운 초콜릿 음료와 시럽을 마시고 설탕 절임을 먹지 않으면 속이 울렁거려 앉아 있기도 힘듭니다."

귀부인들은 미사나 설교 도중에 하녀를 시켜 초콜릿을 가져오게 했다. 단순한 초콜릿 음료가 아니라 '뜨거운' 음료를 고집하고 설탕 절임을 곁들이기까지 한다니 미사 진행에 얼마나 방해가 되었을지 상상하고 남을 일이다. 안 그래도 그 도시 여자들은 평소 몸이 약하다며 속이 울렁거리는 시늉을 하고 다녔다. 이렇게 자신들의 연약함을 강조하던 귀부인들은 오히려 주교에게 압력을 가했다.

"따뜻한 초콜릿을 마시지 못하게 한다면 교회에 다니지 않겠어요."

"우리가 초콜릿 한 잔 마신다고 미사가 중단되는 것도 아니고 누가 피해를 입는 것도 아니잖아요?"

그런데 만만치 않았던 주교는 엄청난 선언을 하였다.

"교회에서 초콜릿을 마시거나 다른 음식을 먹는 사람은 파문하겠다."

종교의 영향력이 절대적이던 17세기, 파문은 엄청난 제재 행위였다. 신자의 자격을 빼앗고 교회에 못 나오게 하는 파문은 당시 사형 선고나 다름없었기 때문이다.

하지만 그런 엄청난 조치도 귀부인들의 초콜릿 사랑을 말리지는 못했다. 귀부인들은 아랑곳하지 않고 미사 시간에 교회 안에서 초콜릿을 마셨다. 어떤 귀부인은 하인이 들고 있는 초콜릿 잔을 신부가 빼앗으려 하자 그를 향해 칼을 빼 들기까지 했다. 그리곤 그 교회가 아니라 수도원으로 가서 미사에 참석했다. 부인들은 성당의 생명줄인 기부금과 봉헌물까지 싹 챙겨가버렸다. 주교의 교회에 대한 정면 도전이며 보이콧이었다. 주교의 생명에 위협이 될 수도 있다고 경계하는 사람도 있었다. 귀부인들이 독이 든 음식을 주교에게 선물하여 살해할 수도 있다는 것이었다. 그런데 우려가 실제 상황이 되었다. 얼마 후 주교가 병에 걸려 죽어버린 것이다. 주교는 온몸이 부풀어오르고 흰 고름에 뒤덮여 엄청난 고통 속에 세상을 떠났다. 사람들은 주교가 독살당했을 것이라 짐작했다. 귀부인들의 초콜릿 사랑이 광기에 가까웠음을 말해주는 일화이다.

그 무렵 영국 옥스퍼드 대학 근처의 한 초콜릿 하우스에서는 초콜릿이 여자에게 얼마나 좋은지 광고 전단에 실어 여성 고객을 불러들였다.
“이 기분 좋은 음료는 결핵과 폐병을 치료한다.

독소를 배출하고 치아를 청결하게 하며 입내를 향긋하게 한다. 소변 보기가 편해지고 결석이 없어지며 뚱뚱한 사람은 날씬하고 사랑스럽게 만든다. 성병과 그밖의 다양한 고질병을 치료한다." 초콜릿을 거의 만병통치약으로 광고한 것이다. 맛도 좋은 데다 이런 여러 가지 효능이 있다고 하니 귀부인들은 비싼 값에도 초콜릿에 열광할 수밖에 없었을 것이다.

17세기 페루를 다스리던 에스파냐 총독 만세라 후작은 귀부인들을 위해 초콜릿 그릇을 만들기도 했다. 후작의 이름을 따서 '만세리나'라고 이름 붙은 이 그릇은 초콜릿 잔과 잔 받침으로 이루어져 있다. 그런데 잔 받침의 가운데가 둥글게 움푹 파여 잔이 미끄러지지 않도록 된 것이 특징이다. 자신이 개최한 연회에 참석한 한 귀부인이 초콜릿 그릇을 엎지르는 것을 보고 후작은 이 음료를 마시기 위한 안전한 방법을 찾아야겠다고 생각했다. 그래서 후작은 은세공 장인을 불러 자신이 생각한 모양의 접시를 제작하도록 주문했다. 이후 유럽에서는 은뿐만 아니라 도자기로 만든 각양각색의 만세리나가 유행하게 되었다.

"초콜릿 없는 삶은 상상할 수 없다"

"

Research tells us that fourteen out of ten people love chocolate.

"

- Sandra Boynton

연구에 따르면 열 명의 사람 중 열네 명이 초콜릿을 좋아한다고 합니다.

초콜릿이 신의 음식에서 인간의 음식으로 완전히 대중화한 계기는 유럽으로의 전파였다. 유럽 사람들은 초콜릿의 원료인 카카오를 처음 마주할 때부터 그 열매가 신성하다는 생각은 하지 않았다. 그저 흔하디흔한 열매의 씨앗이었을 뿐이다. 또 초콜릿은 유럽 사람들에게 그다지 인기를 끌지 못했다. 아니, 인기는커녕 유럽 사람들은 초콜릿이라는 음료에 혐오감을 드러내기까지 했다. 당시 이탈리아의 항해가 지롤라모 벤조니는 "초콜릿은 인간이 먹는 것이 아니라 차라리 돼지들이 먹는 음료인 것 같다. 나는 한 번도 초콜릿을 마셔보고 싶다는 생각을 한 적이 없다. 내가 마을을 지날 때 몇몇 인디오가 나에게 이 음료를 권했지만 나는 번번이 거절했다"라며 지독한 혹평을 했다. 아메리카 대륙에서 신의 음식으로 떠받들어지던 초콜릿이 돼지우리에 처박히는 위기에 처한 것이다.

카카오와 초콜릿을 본격적으로 유럽에 들여온 사람은 에스파냐의 헤르난 코르테스였다. 코르테스 일행은 콜럼버스가 카카오를 보고 실망한 지 20년도 채 안 된 1519년 유카탄반도에 도착했다. 그런데 뜻밖에 아스텍의 몬테수마 왕은 그들을 무척 환영했다. 커다란 오해가 있었기 때문이다. 신탁에 의하면 아스텍에 문명을 전해주는 케찰코아틀 신이 이 세상에 나타난다고 했는데 하필 그 예언된 날에 코르테스 일행이 해안에 도착한 것이다. 절묘한 우연이었지만 몬테수마 왕과 아스텍 사람들은 코르테스를 케찰코아틀 신이라 여겨 그렇게 환대한 것이다.

몬테수마 왕은 코르테스 일행에게 "필요한 것을

모두 가지세요. 여기는 당신들의 땅입니다"라고 말했다. 남의 땅을 차지하려면 전쟁을 치르는 등 힘겹고 복잡한 과정을 거쳐야 하는데 코르테스는 그야말로 아무 수고도 안 하고 몬테수마 왕의 땅을 손에 넣은 것이다. 나중에 몬테수마 왕은 뭔가 잘못되었다는 것을 깨달았지만 그때 그는 이미 감옥에 갇힌 후였다.

물론 코르테스의 최종 목표는 황금을 찾는 것이었다. 간단하게 왕국을 정복한 코르테스는 왕실 창고에 쌓여 있던 금은보화를 손쉽게 차지할 수 있었다. 궁전에도 금으로 된 장식품이 사방에 널려 있었다. 그런데 왕실 창고를 뒤지던 코르테스는 의외의 물건을 발견했다. 바로 4만 상자에 가득가득 담겨 있던 10억 알에 가까운 엄청난 양의 카카오 원두였다. 코르테스를 돕는 원주민들은 왕실 창고문을 부수고 들어가 밤새도록 카카오를 밖으로 실어날랐다.

약탈자 코르테스는 얼마 지나지 않아 카카오 원두의 가치를 알아냈다. 그것이 아스텍에서는 화폐로도 쓰이는 '갈색 황금'이라는 사실은 코르테스 일행을 흥분케 했다. 자신들에게는 아무짝에 쓸모없을 것 같은 카카오 원두로 현지 인부들을 부릴 수 있으니 완전히 땅 파서 장사하는 느낌이었을 것이다.

하지만 그들이 생각한 가치는 거기까지였다. 카카오 원두는 현지에서나 쓰일 뿐 유럽에서는 비싼 값을 받지 못할 것이었다. 그것은 몬테수마 왕의 환영식에서 맛본 그 쓰디쓴 음료의 원료였을 뿐이니까.

그들은 기름지고 향이 강하며 쓴 맛의 초콜릿 음료를 창고에 묵혀두었다. 언젠가 와인이 떨어지면 그때 마실 생각이었다.

드디어 그런 날이 찾아왔다. 와인도 다 떨어지고 물만 마시기는 싫었던 코르테스 일행은 초콜릿 음료를 마시기 시작했다. 곧이어 그들은 그 이상한 음료가 영양도 풍부하고 강장 효과도 있다는 것을 알게 되었다. 그래서 아스텍 땅에 정착한 에스파냐 정복자들을 중심으로 초콜릿 마시기가 유행하였다. 하지만 그들에게 초콜릿을 전해준 몬테수마 왕의 아스텍 왕국은 그들이 정복한 지 2년 만에 완전히 파괴되고 말았다.

초콜릿의 진가를 발견한 유럽 사람들은 돼지우리에 처박힐 뻔했던 초콜릿을 다시 귀족의 음료로 만들었다. 초콜릿을 제대로 맛본 사람은 그에 빠져들지 않을 수 없으니 그것이 고급 취향의 음식이 되는 것은 당연한 일이었다. 유럽의 귀족들은 남녀를 가리지 않고 초콜릿 마시기를 즐겼고 더 나은 맛을 위해 여러 가지 실험을 했으며 그에 따른 새로운 유행이 만들어졌다.

아스텍의 초콜릿은 세 가지 두드러진 변화를 거치면서 유럽의 초콜릿이 되었다. 첫째는 아스텍 사람들이 차갑게 혹은 실온으로 마시던 것을 뜨거운 음료로 바꾸었다는 것이다. 둘째는 초콜릿에 설탕 등 단 것을 첨가한 것이며, 마지막 변화는 초콜릿에 향을 넣은 것인데 고추와 같은 현지의 향신료가 쓰이기도 했다.

단 맛은 유럽 사람들이 초콜릿 음료를 친숙하게 받아들이는 데 커다란 역할을 했다. 달콤한 초콜릿 음료는 왕가끼리의 결혼이나 여행객들에 의해 전 유럽으로 퍼져나갔다. 그래도 값이 비쌌던 초콜릿은 여전히 귀족들의 전유물이었다. 바로크 시대 귀족들은 아침에 일어나 침대에서 나오기 전 하녀가 가져온 냉수 한 잔을 마신 후 뜨거운 초콜릿을 마셨다. 그것이 당시 유행하던 귀족들의 아침 식사였다.

18세기 파리와 런던의 모습을 담은 찰스 디킨스의 소설 〈두 도시 이야기〉에는 당시 유럽 귀족들이 초콜릿 마시는 모습이 표현되어 있다.

"궁정에서 실권을 지닌 각하는 아침에 초콜릿을 마실 때 요리사 외에 네 명의 건장한 하인이 도와주지 않으면 그것을 목으로 넘길 수 없었다. … 한 하인은 각하 앞에 초콜릿 주전자를 가져왔다. 다른 한 명은 초콜릿을 부수고 거품을 냈다. 세 번째 하인은 주인이 좋아하는 냅킨을 가져다 놓았다. 금시계를 찬 우두머리인 듯한 네 번째 하인은 잔에 초콜릿을 부었다. … 만약 세 명의 하인만이 시중을 든다면 그것은 각하에게 이루 말할 수 없는 불명예일 것이고 두 명만 시중을 드는 상황이 된다면 각하는 아마 스스로 목숨을 끊을 것이다."

그 시대 귀족들에게 초콜릿 없는 삶, 초콜릿으로 호사를 부릴 수 없는 삶은 상상할 수 없을 정도가 된 것이다.

"

My desire for chocolate has seldom diminished, even in times of great peril.

"

- Marcel Desaulnier

초콜릿에 대한 나의 열망은 큰 위기 속에서도 좀처럼 줄어들지 않았다.

1770년 5월, 오스트리아와 프랑스 사이를 흐르는 강 위의, 사람이 살지 않는 모래섬. 그 위에 작은 천막이 하나 차려졌다. 어마어마하게 화려한 기마 행렬의 호위를 받으며 오스트리아의 수도 비엔나로부터 온 마차 하나가 그 천막 앞에 멈춰 선다. 그 마차에서 앳된 소녀 하나가 내려 천막 안으로 들어간다. 천막 안에서 소녀는 어머니의 나라 오스트리아에서 가져온 모든 물건을 내놓는다. 입고 있던 드레스는 물론 머리 장식, 신발, 양말, 리본, 품에 안고 온 사랑하는 강아지까지. 오스트리아 물건은 단 하나도 가지고 강을 건너지 못한다.

14세의 이 소녀는 이내 실오라기 하나 못 걸친 알몸이 되었고 이 가혹한 의례에 진저리친다. 오스트리아 합스부르크의 왕녀가 국경을 통과해 프랑스 왕가로 시집오는 상징적인 의식이었다. 조금 후 소녀는 프랑스 의상으로 갈아입고 천막을 나선다. 그녀는 프랑스의 왕세손비 마담 라 도핀느 마리 앙투아네트로 다시 태어난 것이다. 마리 앙투아네트는 정략 결혼 희생자의 대명사이다. 두 나라는 이 결혼을 위해 궁정 절차와 의식을 협의하는 데만도 1년이 걸렸다. 국경을 맞댄 나라들이지만 문화와 정서는 그만큼 이질적이었다. 서로 사이가 좋지 않은 두 나라의 화해를 위해 말 설고 물 선 남의 나라로 시집가야 했으니 그녀의 고난은 결혼 약속 때부터 이미 정해진 것이었다.

불행 중 다행으로 남편 루이 16세와의 금슬은 좋은 편이었다. 남편 루이의 신체적 결함으로 결혼 후 7년 동안 자녀를 못 가졌지만 루이는 간단한 수술로 그 결함을 해결했다. 이후 그들은 네 명의 자녀를 낳았고 루이는 첩도 들이지 않았다. 시집의 '시(媤)'자도 싫어 시금치도 안 먹는다는 우스갯소리가 있다. 마리 앙투아네트의 경우 완전히 시집의 나라에 혼자 와서 오로지 시집 식구들에게만 둘러싸여 살았다. 게다가 적국의 공주였다. 그러니 온갖 시기와 질시, 험담과 조롱이 끊이지 않았다. 가난에 지쳐 왕실에 반감을 가진 일반 시민들조차 그녀를 미워했다. 국경의 천막에서 오스트리아의 모든 것을 버리는 우스꽝스러운 의식을 치렀음에도 그녀는 여전히 적국의 공주였기 때문이다.

그녀를 주인공으로 삼은 가짜 뉴스가 하나 만들어지면 거기에 눈덩이처럼 더 심한 가짜 뉴스가 붙어 걷잡을 수 없이 치명적인 모략으로 이어지기도 했다. 그 대표적인 것이 빵을 달라고 굶주린 여인들이 폭동을 일으키자 "빵이 없으면 케이크를 먹으면 되잖아요!"라고 마리 앙투아네트 왕비가 말했다는 것이다. 이는 안 그래도 성난 파리 시민들의 분노에 불을 지르고 말았다.

하지만 왕비는 그런 말을 한 적이 없다. 단지 왕비는 세상 물정을 몰라 굶주린 사람들을 위로할 줄 몰랐을 뿐이다.

마리 앙투아네트는 남편 루이 16세로부터 베르사유 정원 구석의 작은 궁전 프티 트리아농 궁을 선물받았다. 왕비는 이 궁전을 시골처럼 꾸며놓고 전원생활을 즐겼다. 하지만 그녀가 그곳에 호화 별장을 짓고 사치와 환락의 삶을 살았다며 구설수에 올랐다. 그녀의 사치 행각에 돈을 대느라 프랑스의 재정이 고갈되었다는 터무니 없는 말도 사실처럼 돌아다녔다.

죽음에까지 몰려간 온갖 스트레스 속에서도 씁쓸하고 달콤한 초콜릿은 그녀에게 위안이 되어주었을까? 소피아 코폴라 감독, 커스틴 던스트 주연의 영화 '마리 앙투아네트'에서는 아카데미 의상상 수상이 무색하지 않게 눈이 시릴 정도로 아름다운 드레스들이 줄지어 등장한다. 그와 함께 보는 이의 눈을 즐겁게 한 것은 시시때때로 등장하는 색색깔의 초콜릿 봉봉들이었다.

마리 앙투아네트가 결혼할 무렵 베르사유 궁전에서는 이미 초콜릿 마시는 것이 유행을 넘어 일상이 되고 있었다. 그런데 그녀는 오스트리아의 초콜릿 만드는 장인을 프랑스로 데려갔다고 한다. 국경에서 오스트리아의 모든 것을 버려야 했던 그녀도 고국의 초콜릿 맛은 포기하지 못했던 모양이었다. 그 장인에게 '왕비의 초콜릿 제조사'라는 직책을 만들어주었는데 이 자리는 웬만한 귀족보다 훨씬 많은 돈을 버는 자리였다고 한다.

하지만 비엔나 합스부르크가 궁정의 소녀 시절, 마리 앙투아네트는 어쩌다 한 번 초콜릿을 먹을 수 있을 뿐이었다. 다섯 살이던 그녀가 어머니를 비롯한 가족과 함께 아침 식사하는 모습을 그린 그림에는 식탁 위 초콜릿 주전자 옆에 잔이 두 개만 놓여 있다. 어린이에게는 초콜릿이 너무 강한 음료로 여겨져 당시 마리 앙투아네트는 마시지 못했을 것으로 추정된다.

그녀는 어린 시절부터 쓴 약을 먹을 때 달콤한 핫초콜릿도 함께 마시고 싶어 했다. 그러나 뜨거운 차와 약을 함께 먹으면 몸에 해롭다는 인식 때문에, 왕실 약제사 쉴피스 드보브는 가루약을 안에 넣은 초콜릿을 만들었다. 이것이 왕비의 초콜릿으로 불리는 '피스톨'이다. 드보브는 1800년 파리에 '드보브 에 갈레'라는 가게를 열었고 지금도 그 가게에서 납작한 원형의 피스톨을 맛볼 수 있다.

프랑스 혁명이 일어나고 수많은 오해와 모함이 마리 앙투아네트를 단두대로까지 몰고 갔지만 실제 그녀의 삶은 소박했다고 한다. 놀라울 정도로 검소했던 왕비의 삶은 그녀의 시중을 들던 캉팡 부인의 회고록에서 잘 드러난다.

"왕비는 아침 식사로 초콜릿이나 커피를 마시고 정찬 때는 흰살코기 외에는 아무것도 먹지 않았다. 음료수도 고작 물뿐이었다. 저녁 식사 때는 고기 스프, 닭 날개 요리, 비스킷 몇 개를 물에 적셔 먹는 정도였다."

영화에는 화려한 접시에 높게 쌓인 휘황찬란하고 다양한 모양의 초콜릿이 등장한다. 하지만 마리 앙투아네트는 설탕과 바닐라만 들어간 단순한 초콜릿을 좋아했다고 한다. 가난한 사람을 돕기 위해서 자신의 드레스를 팔고, 악마의 음식이라고 불린 감자에 대한 거부감을 없애기 위해 감자꽃을 머리에 꽂았다는 그녀의 순수함이 초콜릿 취향에서도 그대로 드러나는 듯하다.

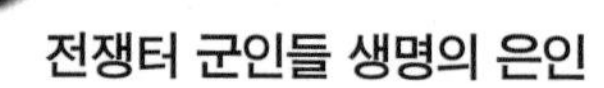

전쟁터 군인들 생명의 은인

"

What are cartridges used for in a battle? Me, instead, I always take chocolate.

"

- George Bernard Shaw

전투에서 탄약통은 무엇에 사용됩니까?
나는 대신 항상 초콜릿을 챙깁니다.

'가장 위대한 후퇴'로 전사에 기록된 장진호 전투는 6 · 25전쟁 중 가장 치열한 전투 중 하나이다. 당시 함경도의 개마고원 근처 장진호에 고립된 미 해병대는 후방 보급부대에 '투시 롤'을 보내 달라는 통신을 띄웠다. 투시 롤은 해병대원들 사이에서 쓰이는, 박격포탄의 은어였다. 그런데 이를 모르는 보급부대는 진짜 투시 롤 사탕을 비행기에 싣고 가 해병대원들에게 던져주었다. 투시 롤은 병사들 사이에 정말 산더미만큼 쌓였다. 하지만 잘못 보내진 투시 롤은 박격포탄만큼 유용하게 쓰였다. 식량이 얼어붙어 먹지 못하는 상황에서 투시 롤은 멋진 식량이 되었고, 녹여 붙이면 추위 때문에 금방 굳어서 구멍난 연료통이나 철모를 땜질하는 데 요긴했다. 투시 롤은 적에게 포위된 해병대에게 희망과 즐거움을 주고 그들을 살린 사탕이었다.

이렇게 전쟁터에서의 달콤한 과자는 단지 간식 이상의 특별한 존재가 될 수 있다. 그 때문인지 오래 전부터 초콜릿은 군대와 밀접한 관계를 맺어왔다. 초콜릿의 본고장 아스텍에서는 카카오 원두를 갈아 환약처럼 빚어 군인들의 비상식량으로 나누어 주었다. 군인들과 초콜릿의 인연은 초콜릿의 역사만큼이나 오래된 것이다.

나폴레옹 1세가 전쟁터에서 초콜릿을 챙겨 먹었다는 것은 잘 알려진 이야기이다. 한때 나폴레옹의 비서를 지낸 부리엔은 나폴레옹 1세가 전쟁터에서 잠을 쫓기 위해 코코아를 즐겨 마셨다고 기억했다. 그 코코아는 충성스러운 주방장 콜랭이 만들었으니 믿을 만도 했을 것이다. 나폴레옹은 1807년, 폴란드의 그단스크(독일어로 단치히) 정복에 성공한 르페브르 장군에게 초콜릿을 한 상자 선물했는데 그 초콜릿 상자에는 3만 프랑의 지폐가 들어 있었다고 한다. 3만 프랑이 지금 가치로 얼마나 되는지는 정확히 알 수 없지만 어마어마하게 큰 금액이었음은 틀림없다. 그때부터 프랑스 군인들은 한동안 월급을 '그단스크의 초콜릿'이라 불렀다고 한다.

또 나폴레옹 1세의 조카인 나폴레옹 3세는 이탈

리아 독립전쟁 중 솔페리노 전투 때 말 안장에 초콜릿을 넣어 가지고 다녔다고 한다. 프랑스는 그 전투에서 엄청난 피해를 입었지만 나폴레옹 3세는 1860년 1월, 카카오의 세금 감면을 요구하는 글을 발표하기도 했다.

"카카오는 더 이상 사치스러운 상품이 아니다. 카카오가 위생적이고 영양 공급에 도움이 된다는 것은 의심할 바 없다. 카카오에는 즐거움을 자극하는 맛과 향이 있고 육체적으로나 정신적으로 유익하다. 그래서 나는 이 품목에 대한 세금 감면을 요구한다."

나폴레옹 3세는 단지 개인적으로 초콜릿을 즐긴 것이 아니라 초콜릿 상품의 대단위 유통을 실현하려 한 것이다.

제1차 세계대전 때는 카카오에 설탕, 바나나를 더해 만든 가루 바나니아가 전쟁터의 군인들에게 지급되었다. 초콜릿 맛이 나는 이 가루는 프랑스 쿠르브부아의 약제사가 만들었다. 이 가루는 참호 속에 있던 군인들의 두려움과 긴장을 풀어주는 데 커다란 공헌을 했다.

제2차 세계대전 때 미군에게 지급된 초콜릿바는 전쟁 전인 1937년에 개발되었다. 미 육군의 폴 로건 대령은 비상시 군인들이 간편하게 에너지를 보충할 수 있고 사기도 높일 수 있는 초콜릿바를 만들어달라고 허쉬초콜릿 회사에 의뢰한 것이다. 그때 로건 대령은 허쉬 사에 네 가지 요구 사항을 내놓았다. 무게는 4oz(약 114g) 정도이고, 고칼로리여야 하며, 고온에서도 잘 녹지 않도록 할 것, 삶은 감자보다 조금 더 맛있을 것 등이 그의 요구였다. 네 번째 요구 사항이 재미있는데 거기에도 로건 대령의 깊은 뜻이 담겨 있다. 에너지 보충을 위한 식량이므로 필요할 때 천천히 먹어야 하는데 너무 맛있게 만들면 군인들이 재빨리 먹어치울까봐 맛의 정도를 정한 것이다.

이렇게 탄생한 비타민B_1이 풍부한 125g의 초콜릿바의 이름은 'D-레이션'이었다. 정말 이 초콜릿은 맛이 없어서 군인들 사이에서 '히틀러의 비밀 무기'라고 불리기도 했다. 허쉬 사는 D-레이션을 생산하기 위해 이전에 연중 무휴로 돌아가던 키세스 생산을 일시 중단했고 1941년부터 1945년까지 하루 50만 개의 초콜릿바를 생산했다고 한다.

잘못 전달된 투시 롤은 물론, 일부러 맛없게 만든 초콜릿바 'D-레이션'도 최상의 보급품은 아니었다. 하지만 전쟁터에서 군인들의 생명의 은인 역할을 톡톡히 했다. 당분은 에너지원으로 쉽게 바뀌니 군인들에게 활력을 찾아주고 보급이 어려운 상황에서 허기를 면하게 해주었으며 고열량 덕분에 추위를 견디게 해주었기 때문이다. 무엇보다 전쟁터에서 마주하는 달콤한 초콜릿은 피로에 지친 군인들에게 커다란 기쁨이 되었을 것이다. 초콜릿에 대한 달콤한 추억은 누구나 가지고 있었을 테니 말이다.

“

Good chocolate should be listed as a masterpiece, a sculpture, an artist’s proof,

and taste it sweetly while drinking hot oriental tea, listening to Mozart.

”

- Sonia Rykiel

좋은 초콜릿은 걸작, 조각, 예술가라는 증거로서 목록에 올려야 한다.
그런 초콜릿은 모차르트 음악을 들으며
따뜻한 동양의 차를 마시며 달달하게 맛봐야 한다.

초콜릿 마니아로 알려진 사람 중 가장 의외의 인물은 세기의 배우 오드리 헵번이다. 그녀의 대표작 '로마의 휴일' 영화에서 드레스를 졸라맨 그녀의 허리는 한 줌밖에 안 되어 보였다. 초콜릿은커녕 이슬만 먹고 살 것 같은 모습이었다. 너무 말라서 거식증에 걸렸다는 루머는 늘 그녀를 따라다녔다. 하지만 그녀는 건강했고 그렇게 목숨을 건 다이어트를 한 것도 아니었다.

헵번은 파스타나 달콤한 간식을 즐겨 먹었고 그 중에서도 특히 초콜릿을 좋아했다. 헵번의 아들 루카 도티의 회고에 따르면 그녀는 항상 거실 서랍장에 초콜릿을 보관해 두었다고 한다. 헵번에게 초콜릿은 생명의 은인이나 다름없었다. 제2차 세계대전 때 기근으로 굶어 죽을 위기에 처했는데 한 네덜란드 병사가 건네준 초콜릿을 먹고 목숨을 건졌다는 것이다. 그래서인지 그녀는 다이어트 중에도 초콜릿만은 포기할 수 없었다.

초콜릿 마니아로 알려진 또 다른 유명인은 독일의 작가 요한 볼프강 폰 괴테이다. 그의 시대에는 초콜릿이 비쌌지만 유복한 집안에서 자라난 괴테는 초콜릿을 특별히 즐기는 미식가로서 성장할 수 있었다. 괴테는 여행 중에도 아내에게 자신이 좋아하던 라이프치히의 리크베트 초콜릿을 보내 달라고 편지를 쓸 정도로 초콜릿을 좋아했다. 또 독일산 흑맥주 쾨스트리처는 초콜릿 향이 진한데 그런 연유로 '괴테의 맥주'라는 별명이 붙었다. 괴테가 얼마나 초콜릿을 사랑했는지 단적으로 말해주는 예이다.

롯데그룹을 창업한 고 신격호 회장은 괴테의 대표적인 소설 〈젊은 베르테르의 슬픔〉의 여주인공 이름 '샤롯테'에서 회사 이름을 따왔다고 한다. 초콜릿을 유난히 사랑한 괴테, 그가 자신의 연인을 모델로 만들어낸 샤롯테, 가나초콜릿을 생산하는 롯데. 아주 흥미로운 연관 관계이다.

독일의 또 다른 초콜릿 마니아였던 프란츠 요제프 1세 황제는 자허토르테를 즐겨 먹었다고 한다. 자허토르테는 초콜릿을 넣어 반죽해 구운 스펀지케이크 생지에 살구잼을 바르고 초콜릿으로 전체를 코팅한 케이크이다. 1832년 오스트리아 외무부 장관 메테르니히는 그의 직속 요리사에게 빈 회의에 참석한 손님들에게 대접할 디저트를 준비하라고 명령했다. 그런데 요리사가 병이 나자 그의 아들인 '프란츠 자허'가 아버지를 대신하여 초콜릿 스펀지케이크를 만들었다. 자허가 내놓은 초콜릿 케이크는 손님으로부터 호평을 받았고 빈을 중심으로 크게 유행했다. 그 케이크는 그의 성을 따서 '자허토르테'라고 불리게 되었고 황제가 가장 사랑하는 디저트의 자리에까지 오른 것이다.

빈과 가까이 위치한 잘츠부르크는 모차르트의 고향이다. 그래서인지 그곳에서는 포장지에 모차르트 얼굴이 그려져 있고 그의 이름이 붙은 초콜릿이 날개 돋힌 듯 팔리고 있다. 잘츠부르크는 물론 오스트리아에 가면 반드시 사와야 하는 명물로도 꼽힌다.

모차르트 초콜릿 혹은 모차르트 봉봉이라고 불리는 이 초콜릿의 정식 이름은 모차르트 쿠겔이다. 쿠겔은 독일어로 '공'이라는 뜻이다. 이름에서 알 수 있듯이 모차르트 쿠겔은 공 모양이다. 다시 말해 공 모양이 아닌 모차르트 쿠겔은 거의 유사품으로 의심해야 한다.

BONJUNG
本情
Chocolate

모차르트 쿠겔을 처음 만든 사람은 잘츠부르크에 살던 파울 퓌르스트이다. 1890년 퓌르스트는 가내 수공업으로 이 초콜릿을 만들었는데 은박지에 파란색으로 무늬를 넣고 중앙에 모차르트 초상화를 인쇄한 포장지로 싸서 시중에 내놓았다. 현재까지도 가업으로 대물림되어 운영되는 퓌르스트 초콜릿 가게는 잘츠부르크 구시가지 지구에 있다. 너무 유명해져서 유사품이 많지만 오리지널 모차르트 쿠겔은 예나 지금이나 가내 수공업으로 한 개 한 개 정성스럽게 만들어지고 있다.

모차르트 쿠겔은 단면 그림으로도 잘 알려져 있는데 가장 안쪽 핵과 같은 부분에는 보통 피스타치오가 자리잡고 있다. 그 위에 누가 크림, 마지판 크림이 차례로 덮여 있고 가장 바깥쪽은 다크 초콜릿이 싸고 있다. 그 외에도 헤이즐넛, 아몬드 가루, 설탕, 슈가 파우더, 달걀 흰자, 체리술 등 다양한 재료가 사용되기도 한다.

상품에 모차르트 이름이 붙어 있지만 엄밀히 말하면 이 초콜릿은 모차르트와는 별 상관이 없다. 모차르트가 죽은 지 거의 100년 후에 만들어진 이 초콜릿은 모차르트는 이름도 들어볼 수 없었던 초콜릿이다. 또 모차르트가 살아생전 초콜릿을 좋아했는지도 확실히 알 수 없다. 하지만 모차르트의 감미로운 음악이 초콜릿이 있는 장면과 잘 어울리는 것은 분명하다.

“

Chocolate makes everyone happy. Sharing chocolates with others is a form of communication which says,

You can share all your sweet and dark secrets with me.

”

\- Ruchi Prabhu

초콜릿은 모든 사람을 행복하게 만듭니다.
초콜릿을 다른 사람과 나누는 것은
당신의 달콤하고도 어두운 비밀을 나와 공유할 수 있다는
의사소통의 한 형태입니다.

줄리엣 비노쉬. 이 프랑스 여배우만큼 '초콜릿' 영화에 잘 어울리는 배우가 또 있을까? 진하면서도 부드럽고, 사랑스러우면서도 당당하고, 달콤하면서 자신의 주장이 확실한 영화 속 그녀의 캐릭터는 바로 초콜릿 특유의 성질이다. 캐릭터는 물론 짙은 갈색 머리카락과 깊은 눈빛까지 그녀의 외모조차도 초콜릿의 특성을 말해주고 있다.

주인공 비앙의 아버지가 중앙아메리카로 약재를 연구하러 갔다가 우연히 카카오에 대해 알게 되고 그 매력에 빠졌다는 얘기, 그곳에서 아름다운 아가씨와 사랑에 빠져 고국인 프랑스로 돌아와 함께 살았는데 그들 사이에서 태어난 아이가 비앙이라는 얘기 등을 통해 알 수 있는 그녀의 출신 이력도, 중앙아메리카가 원산지이고 유럽에 와서 그 확산을 이룬 초콜릿의 유래와 닮아 있다.

또 과학적으로는 증명되지 않았으나 꾸준히 이야기되어온 초콜릿의 약효에 대해서도 영화는 거침없이 말한다. 배가 아플 때는 카카오 잎이, 정력이 떨어졌을 때는 초콜릿이 탁월한 효과를 보인다는 에피소드가 곳곳에 그려진다. 중앙아메리카에서는 신성하고도 신비로운 약재였던 카카오로 만든 초콜릿, 그러나 유럽의 종교에 의해 탐욕과 무절제의 상징이 되었다. 왜 유럽의 종교가 초콜릿을 적대시했는지 그 이유는 정확하지 않다. 다만 인간을 즐겁게 하는 것 뒤에는 뭔가 악마의 음모가 도사리고 있다는 막연한 느낌 때문이었을 것이다.

영화 속에는 초콜릿에 대한 수많은 편견이 등장한다. 초콜릿을 먹고 싶은 욕망은 악마의 유혹이며 그것을 만들어 파는 주인공 비앙을 악마의 딸이라고 부른다. 아예 초콜릿과 비앙을 '적'으로 규정한다. 이런 편견은 초콜릿을 먹어온 우리에게 아주 익숙하다. 어쩌면 우리도 초콜릿에 대해 이런 편견에 고개를 끄덕였을지 모른다. 그러나 온갖 금기와 영혼을 망친다는 협박에도 불구하고 사람들은 초콜릿의 유혹에서 벗어나지 못한다. 초콜릿을 탐하는 것은 부끄럽고 죄를 짓는 것이라 말하면서도 온몸을 녹이는 듯한 초콜릿의 맛을 잊지는 못한다. 그건 영화 속 등장인물이나 우리나 마찬가지이다.

영화에는 초콜릿을 만드는 과정도 언뜻언뜻 등장한다. 카카오 원두를 갈아 가루를 내고 그것을 개서 반죽으로 만든다. 그 반죽에 여러 가지 다른 재료를 섞고 다양한 모양으로 성형하고 거기에 또 장식하여 완성품으로 만들어내는 과정까지. 레시피를 제공하는 요리 영화는 아니지만 여러 모양의 초콜릿이 만들어지는 매력적인 영상 그 자체가 보는 사람을 화면에 몰입하게 만든다. 디저트나 과자로만 먹었던 초콜릿이 다양한 요리의 재료로도 멋들어지게 등장한다. 잘 구워진 스테이크 위에 걸죽한 초콜릿이 뿌려지고 파티의 메인 요리 어디에서나 초콜릿이 빠지지 않는다. 고춧가루를 탄 오묘한 맛의 초콜릿 음료도 소개된다. 이 영화에서는 초콜릿의 한계를 찾을 수 없다. 이제껏 초콜릿을 너무 과소평가하고 그에 대한 편견을 가지고 있었던 것 아닐까 생각된다. 초콜릿은 물고기가 되고 오리가 되며 사람의 형상이 되기도 한다. 재료는 같지만 셀 수 없이 많은, 서로 다른 초콜릿이 만들어질 수도 있다. 쉽게 녹일 수 있고 그 녹인 반죽으로 원하는 모양을 만들어낼 수 있는 점도 초콜릿의 빼놓을 수 없는 매력이다. 마치 우리의 삶은 어떤 규율이나 원칙에 의해서 획일화되는 것이 아니라 우리가 원하는 대로 만들어갈 수 있음을 보여주는 듯하다.

영화에 드러나는 가장 중심되는 메시지는 '변화'이다. 수많은 놀라운 변화의 중심에는 '초콜릿'이 있다. 영화에서는 이 세상 모든 것이 변할 수 있다고 말한다. 그러나 노력하지 않으면 변화는 이룰 수 없다는 말도 빼놓지 않는다. 초콜릿이 그 노력의 매개체가 되어 모든 변화를 가능하게 만들었던 것이다.

변화한 주민들은 비로소 깨닫는다. 종교는 금식을 요구했지만 신에게 다가가는 방법은 인간을 괴롭히는 '금식'이 아니었다. 신은 인간이 서로 질시하고 고립시켜 고통을 주고받기를 원치 않는다. 신은 자상함과 인자함을 인간에게 요구하며 남을 인정하고 함께 나눌 때 나 자신도 인정받을 수 있다는 것을 말한다. 마치 사랑의 선물로 초콜릿을 나누듯이 말이다.

전통을 존중하는 보수적 마을 사람들은 검은 옷을 입고 검은 구두를 신는다. 하지만 주인공 비앙은 초콜릿을 연상하게 하는 강렬한 적갈색 망토를 입고 이 마을에 들어온다. 결혼 없이 낳은 딸 에녹도 똑같은 옷을 입고 있다. 그런데 그 모습은 마야인인 비앙의 어머니가 비앙을 데리고 방랑할 때의 옷차림이다. '북풍이 불면' 살던 곳을 떠나는 방랑의 운명이 대를 이어 계속됨을 암시한다. 그런데 영화에서는 그들이 떠돌아다니는 것을 '방랑'이라 표현하지 않는다. 초콜릿의 효능과 마야로부터 전해진 고대 치료법을 전파하기 위해 여러 곳을 다니는 것이라 말한다. 그래서 그들은 토착 주민들의 배척에도 불구하고 당당할 수 있다. 그들에게는 초콜릿이라는 무기와 그 효능에 대한 확신이 있기 때문이다.

어김없이 '북풍'이 부는 계절이 왔지만 주인공 비앙은 이 마을을 떠나지 않은 채 영화가 마무리된다. 운명보다 더 강력한 사랑이 그녀를 찾아왔기 때문이다. 그 장면에 이르면 영화 앞부분에 나온 옛 마야의 속설이 복선처럼 그 모습을 다시 드러낸다.

"초콜릿을 마시면 그리움이 생겨 사랑에 빠진다."

Chapter 3

찾았다,
인생 초콜릿

겉모습만 보고 그 사람의 품성을 알 수 없다. 마찬가지로 카카오나무만 보고는 초콜릿을 상상할 수 없다. 세상 많고 많은 사람 중 나의 사랑을 선택하기까지는 신중한 탐색이 있어야 한다. 초콜릿 원료를 얻으려면 세심하게 카카오 열매를 열어야 한다. 초콜릿의 독특한 풍미를 얻으려면 그 깊숙한 과육을 헤치고 들어가 씨앗을 찾아내고 그것을 다시 발효하고 건조하는 긴 기다림의 시간을 인내해야 한다.
섣부른 사랑은 아픈 이별을 부른다. 인내와 배려 없는 사랑은 없다. 겉으로 드러나는 사랑의 모습은 달콤하지만 그 경지에 이르기까지는 쓰디쓴 인내의 터널을 지나야 한다. 초콜릿의 쓴 맛을 싫다고 빼버린다면 초콜릿의 그 오묘한 풍미를 맛볼 수 없듯이 아픔과 기다림을 견디지 못하면 사랑도 얻을 수 없다. 초콜릿의 쓴 맛과도 같은 노력과 헌신을 거부한다면 아름다운 사랑을 얻을 수 없다.
인내와 정성으로 얻어진 초콜릿은 어떤 모양을 하고 있든 초콜릿 그 자체이다. 어떤 모습을 하고 있든 사랑의 본질은 변치 않는 것과 같다. 사랑하는 마음으로 선택한 초콜릿 그것이 바로 당신의 '인생 초콜릿'이다.

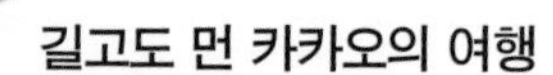

“Save the earth. It is the only planet with chocolate.”

- Anonymous

지구를 구하라. 지구는 초콜릿이 있는 유일한 행성이니까.

초콜릿은 카카오나무의 열매에 들어 있는 씨앗으로 만든다. 미국에서는 카카오나무 자체나 가공되지 않은 상태를 통틀어 카카오라고 하고 가공된 것은 초콜릿이라 부른다. 또 카카오에서 지방을 제거한 가루를 코코아라고 한다. 우리나라에서도 미국식 용어를 주로 사용하고 있다. 반면 영국에서는 카카오, 초콜릿을 모두 코코아라고 일컫는다. 어쨌든 카카오와 초콜릿, 코코아는 모두 한 가족이다.

카카오나무 열매가 초콜릿이 되기까지는 길고도 까다로운 과정을 거쳐야 한다. 우선 재배 환경도 녹록지 않다. 카카오나무는 북위 20도와 남위 20도, 즉 적도 부근 지방에서만 재배할 수 있다. 물론 우리집 베란다에서도 '재배'는 가능할지 모르겠다. 하지만 초콜릿을 만드는 데 필요한 카카오 열매는 적도 부근의 기후 아래서만 맺는다. 병충해에도 취약한 데다 1년 내내 물도 충분히 공급되어야 한다.

카카오나무는 습기가 많은 땅, 햇볕이 많이 쬐지 않는 곳에서 잘 자란다. 그래서 카카오나무를 재배하던 사람들은 카카오가 아닌 다른 종류의 큰 나무 그늘 아래 어린 카카오나무를 심기도 했다. 이렇게 여러 가지 조건이 다 맞았을 때만 카카오나무의 꽃은 카카오 포드라 불리는 커다란 꼬투리 모양의 열매를 남긴다. 그 열매 속에는 다른 과일과 마찬가지로 달고 즙이 많은 과육이 있다. 그 과육 속에는 아몬드 모양의 씨앗이 30~40개 정도 들어 있는데 이를 흔히 카카오 빈 혹은 카카오 원두라 부른다. 이 씨앗이 초콜릿의 원료가 되는 것이다.

카카오의 본격적인 여행은 여기서부터 시작된다. 꼬투리 속 과육에서 빼낸 씨앗은 발효, 건조, 볶음, 키질의 과정을 거쳐야 비로소 초콜릿의 직접 원료가 될 수 있기 때문이다. 이 과정은 인류가 초콜릿을 만들어 먹기 시작한 이래 3천 년 동안 계속되었다. 그동안 기계화도 되었고 기술도 무척 많이 발전했을 것이다. 수많은 변화를 겪었지만 이 네 과정을 거쳐야 한다는 사실에는 아직도 변함이 없다.

그 네 과정 중에서 가장 중요한 것은 '발효'이다. 발효의 목적은 카카오 씨앗의 떫은 맛을 누그러뜨리고 초콜릿의 맛을 살려내는 것이다. 또 씨앗에 붙어 있던 과육을 샅샅이 떨어내는 과정이기도 하다. 발효의 과정에서 카카오 씨앗은 물리적 · 화학적 변화를 모두 겪는 것이다.

발효 과정에서 고온 때문에 흐물흐물해진 과육은 씨앗에서 저절로 떨어져나간다. 오롯이 남은 씨앗에서 카카오 싹이 돋는다. 그런데 50도 가까운 높은 온도와 점점 높아지는 산도(酸度) 때문에 새로 나온 싹은 이내 말라 죽는다. 신기하게도 싹을 틔웠던 씨앗만이 초콜릿의 독특한 맛을 낼 수 있다. 잠깐 세상에 모습을 내밀었던 새싹은 오로지 초콜릿 맛을 위해 태어났다가 죽는 것이다.

발효가 다 된 씨앗을 1~2주 햇볕에 말린다. 그런 다음 섭씨 100도 내외의 열로 덖는다. 덖는 것은 '물기가 조금 있는 약재, 곡식 따위를 물을 더하지 않고 타지 않을 정도로 익히는' 조리 방법이다. 초콜릿의 더욱 좋은 향과 맛을 내기 위한 과정이다. 덖어낸 카카오 원두에서는 우리에게 익숙한 특유의 초콜릿 향이 난다. 마지막으로 키질을 하는데 쭉정이를 없애는 과정이다. 말리고 덖어서 수분을 다 없앤 씨앗을 갈면 드디어 카카오 단계에서 초콜릿으로 넘어갈 수 있는 가루가 생산된다. 건조까지의 과정은 주로 카카오 산지에서 진행된다. 이 과정을 마친 카카오 원두는 소비국으로 수출된다. 상인들이 '카카오 원액'이라고 부르는 상품이 전 세계로 유통되는 것이다.

카카오는 이렇게 멀고도 험난한 여행을 거쳐야 비로소 초콜릿이 되어 우리 곁에 다가온다. 초콜릿의 그 깊고 묵직한 맛에는 지구촌 수많은 사람의 엄청난 노동과 정성이 깃들어 있다. 지구를 보호해야 오래도록 맛있는 초콜릿을 먹을 수 있는 가장 큰 이유이다.

“

Do you know what chocolate is made of? It is made of cocoa, dense, strong, velvety.

It is made of abyss, dark, deep, enveloping. It is made up of dreams, ecstatic, light, mysterious.

”

- Fabrizio Caramagna

초콜릿이 무엇으로 만들어졌는지 아세요? 초콜릿은 밀도가 높고 강하고 벨벳 같은 카카오로 만들어졌습니다. 어둡고, 부드럽게 감싸진 깊은 바다로 만들어졌습니다. 초콜릿은 꿈, 황홀, 경쾌함, 신비로움으로 구성되어 있습니다.

카카오 원두에서 나오는 부산물에는 카카오 닙스, 카카오 매스, 카카오 버터, 카카오 가루, 카카오 케이크 등 낯선 이름들이 붙어 있다. 이 중 최종 결과물이 되는 가공품은 카카오 매스와 카카오 버터, 카카오 가루이다. 그런데 이 중 어떤 것도 소홀히 여길 수 없다. 각각 특성과 용도가 다르고 이것들을 어떻게 배합하느냐에 따라 초콜릿 제품이 달라지기 때문이다.

건조까지 마친 '카카오 원액'을 사들인 소비국에서는 카카오 원두를 뜨거운 바람으로 로스팅하여 바깥 껍질을 벗겨낸다. 이때 남은 씨앗의 중심부인 배유를 카카오 닙스라고 한다. 작은 덩어리 초콜릿이라 할 수 있는 카카오 닙스는 그냥 먹을 수도 있고 그대로 과자나 빵 만드는 데 사용되기도 한다.

카카오 닙스가 되는 과정에서 대개 알칼리 용액 처리를 하는데 초콜릿이 우유나 물과 쉽게 섞일 수 있도록 하는 조치이다. 또 알칼리 처리를 하면 카카오의 신맛이 적어지고 맛이 순해진다. 알칼리 처리는 FDA가 승인한 안전한 식품가공법이며 다른 공정에서 할 수도 있다.

카카오 닙스를 곱게 갈고 으깨면 점도가 높은 진득진득한 카카오 매스가 나온다. 겉보기는 초콜릿 같지만 아직 카카오 100%인 카카오 매스는 맛이 쓰고 식감은 거칠거칠하다. 이 카카오 매스가 초콜릿의 주 원료가 된다. 초콜릿 고유의 적갈색을 결정하는 것도 이 초콜릿 매스이다.

카카오 매스를 눌러서 짜면 카카오 버터와 기름기 없고 딱딱한 카카오 케이크로 나뉜다. 카카오 버터는 이름에서 알 수 있듯이 기름 성분이다. 보통 온도에서는 굳어 있지만 사람 체온보다 조금 낮은 온도에서도 액체가 된다. 초콜릿이 입안에서 부드럽게 녹는 것은 이 카카오 버터 성분 때문이다. 카카오 버터는 카카오 매스 성분의 50% 이상을 차지하지만 그 향은 카카오 매스에 비해 약하다. 카카오 버터는 초콜릿의 식감을 더욱 부드럽게 하기 위해 사용된다고 볼 수 있다.

카카오 케이크를 잘라서 갈아내면 카카오 가루가 된다. 카카오 가루는 우리가 잘 알고 있는 음료 코코아의 원료이다. 카카오 가루 자체를 물에 타서 마실 수도 있지만 우리가 흔히 볼 수 있는 코코아는 대개 설탕이나 우유 등이 섞여 있는 제품이다.

초콜릿 공장에서 어떤 제품을 만드느냐에 따라 이 부산물들의 배합이 달라진다. 카카오 매스와 카카오 버터, 설탕을 섞어 만든 것은 다크 초콜릿이다. 밀크 초콜릿은 카카오 매스와 카카오 버터로, 화이트 초콜릿은 카카오 버터와 분유, 설탕으로 만든다. 물론 각 재료의 배합 비율에 따라 다양한 제품이 생산되기도 한다.

일반적으로 초콜릿 제품에 '카카오 70%'라고 표기되어 있다면 이는 카카오 매스와 카카오 버터를 합한 성분이 전체의 70%를 차지한다는 뜻이다. 나머지 30%는 우유나 설탕이라고 보면 된다. 그런데 카카오 매스와 카카오 버터가 70% 중 각각 몇 %씩으로 섞였는가에 따라 맛이 달라진다. 또 배합 비율이 같아도 공정에 걸리는 시간 차이 등으로 완전히 다른 맛의 초콜릿이 되기도 한다.

그런데 우리가 먹는 초콜릿 하나를 만들려면 카카오 원두가 얼마나 필요할까? 계산하기 쉽게 100g짜리 다크 초콜릿을 생각해보자. 100g은 달걀 두 개 정도의 무게이다. 다크 초콜릿의 카카오 함유량이 70%라면 카카오 70g이 들어 있는 거다. 껍질 등 가공과 제조 과정에서 버려지는 부분을 감안하면 실제 사용되는 카카오 원두는 0.8g 정도이다. 카카오 함량 70%, 100g짜리 다크 초콜릿을 만들기 위해서는 약 88개의 카카오 원두가 필요하다는 계산이 나온다.

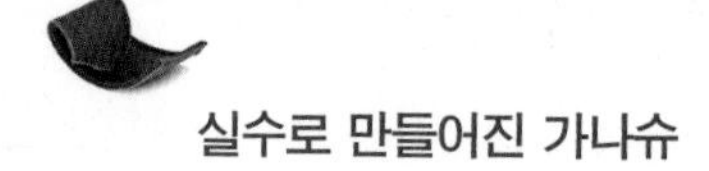

“

Chocolate is the answer. Who cares what the question is.

”

- Anonymous

초콜릿이 답이라면 질문이 무엇인지 누가 신경 쓰겠어요.

가나슈는 생크림 또는 우유와 초콜릿을 섞어 만든, 입에 잘 녹는 부드러운 초콜릿이다. 그런데 이 훌륭한 초콜릿은 실수의 산물이다. 인생의 최대 실수는 실수할까봐 전전긍긍하는 것이라는 말이 있다. 하지만 실수는 여전히 두려운 것이고 많은 사람이 피하고 싶은 상황이다. 그런데 흔한 일은 아니지만 실수 덕분에 전혀 예상하지 못했던 새로운 창작물을 만들게 되고 세상 사람들에게 큰 사랑을 받는 경우도 있다. 가나슈 말고도 잘 알려진 음식물 중에 실수가 빚어낸 명작들이 있다. 대표적 사례로 감자칩, 굴 소스, 시리얼, 브라우니, 초코칩 등을 꼽는다.

감자칩은 조지 크럼이라는 다혈질의 요리사가 손님을 골탕 먹이려다 우연히 건진 음식이다. 그는 성격이 불같아서 자기 요리에 대한 손님의 불만을 참지 못했다. 손님이 뭐라고 불평하면 그는 먹을 수 없는 괴상한 음식을 만들어 그 손님에게 다시 내놓고 억지로 먹게 했다. 어느 날, 한 손님이 감자튀김이 너무 두껍다고 포크로 뒤적이다 주방으로 돌려보냈다. 화가 난 조지 크럼은 포크로 찍을 수 없을 만큼 감자를 얇게 썰고 소금을 잔뜩 뿌려 내놓았다. 그런데 그 음식은 손님들의 환호를 받았고 감자칩은 세기의 음식이 되었다. 또 볶음요리에 빠지지 않는 중국의 대표적인 소스인 굴 소스도 중국 광동성의 한 요리사의 실수로 탄생했다. 요리사가 굴 요리를 불 위에 올려놓고 깜박 잊어 너무 많이 졸였는데, 이때 굴에서 나온 국물로 걸쭉하고 감칠맛 나는 소스가 만들어졌다는 것이다. 켈로그 사의 창업자 켈로그 형제는 환자들을 위한 영양식을 개발하다가 실수로 의도치 않은 음식을 만들게 되었는데 그것이 시리얼이라는 얘기도 유명하다.

미국의 한 여성은 폭신폭신한 초콜릿 케이크를 만들려고 했는데 깜박 잊고 베이킹파우더를 넣지 않았다. 실수로 꾸덕꾸덕한 케이크가 만들어졌지만 버리기 아까워 이웃들과 나눠 먹었다. 그런데 사람들은 특유의 꾸덕꾸덕한 식감을 좋아했고 오히려 이 레시피를 따라 케이크를 만들었다. 그것이 바로 브라우니이다.
초코칩 쿠키도 실수가 빚어낸 작품이다. 1930년대 미국 한 고속도로 휴게소에서 근무하던 직원 루크 웨이크필드는 판매할 초콜릿 쿠키 반죽하는 걸 깜빡했다. 다급해진 그는 일반 밀가루 반죽에 초코칩을 넣어 쿠키를 만들었다. 초코칩이 녹으며 초콜릿 쿠키로 보일 것이라 생각한 것이다. 일은 그의 뜻대로 되지 않았지만 초코칩 모양이 그대로 살아 있는 초코칩 쿠키가 새로 탄생했다.

부드러운 맛의 초콜릿 가나슈의 이름에는 실수의 흔적이 그대로 남아 있다. '가나슈'라는 말은 프랑스어로 '멍청한 사람'을 가리킨다. 실수의 주인공은 19세기 파리의 한 과자 공장에서 일하던 견습생이었다. 어느 날 그는 실수로 초콜릿 재료가 들어 있는 냄비에 우유를 쏟아부었다. 그는 실수를 수습하려고 우유가 들어간 초콜릿을 열심히 저었다. 그러다 보니 왕실 사람들이 좋아할 만한 부드러운 음식이 만들어졌다. 이것이 초콜릿에 생크림을 섞은 부드러운 가나슈의 시작이다. 동료들은 실수한 그를 '멍청한 사람'으로 여겼고 그것이 초콜릿의 이름이 되었다. 하지만 그를 놀리던 사람들도 우연히 맛을 보고 부드러운 초콜릿 크림의 맛에 푹 빠졌다고 한다.

ORIENTAL CHOCOLATE SINCE 1999

가나슈는 다른 여러 재료와도 잘 어울린다. 박하, 바닐라, 샤프란 같은 향신료는 물론 딸기, 복숭아 등과 같은 과일, 커피, 술 등과 혼합하여 만들기도 한다. 가나슈는 프랑스의 대표 초콜릿인 트뤼프와 팔레 도르로 만들어지기도 한다. 트뤼프는 작은 공 모양의 가나슈 겉에 카카오 가루를 입힌 것이다. 팔레 도르는 트뤼프와 같은 방식으로 가나슈를 만들지만 겉에 뿌려지는 카카오 가루가 황금색이다. 가나슈는 실수로 만들어졌지만 초콜릿으로서의 본질에는 변함이 없다. 그렇기에 황금빛 옷까지 입을 수 있게 된 것 아닐까?

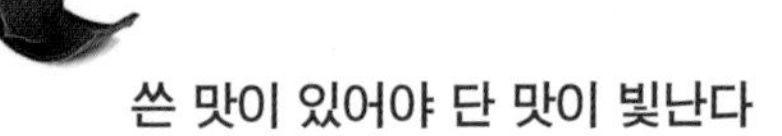

쓴 맛이 있어야 단 맛이 빛난다

"Chocolate without sugar, sometimes can be bitter, but it will always be sweeter than a hurting truth."

- Carlos Barra

설탕이 없는 초콜릿은 때로 씁쓸할 수 있지만 항상 아픈 진실보다 달콤할 것입니다.

나도 예전엔 입바른 말의 대가였다. 친구랑 만나도 왜 그렇게 그 친구의 문제점만 보이던지. 물론 문제점을 그냥 지나치지도 않았다. 꼭 집어서 지적질해야 직성이 풀리곤 했다. 내 딴에는 내가 친구를 못마땅해하는 것을 들키지 않으려고 애도 썼다. 들키면 "친한 친구이니까 이런 소리도 해주지, 친하지 않으면 내가 왜 이런 싫은 소리를 하겠니? 다 너를 위해서야"라고 변명도 했다. 하지만 결국에는 속마음을 드러내 친구의 심정을 상하게 했다.

당연히 나는 남에게 지적질당하는 걸 누구보다 싫어한다. 남이 하면 불륜이고 내가 하면 로맨스라 했던가. 남이 내게 하는 지적은 상대를 전혀 배려하지 않는 무례이고 내가 남에게 하는 지적은 상대를 위해서 하는 '쓴 소리'라는 생각을 오랫동안 버리지 못하고 살아왔다. 하지만 이렇게 쓴 소리를 즐겨 하는 것은 외톨이가 되는 지름길이다. 아무리 '입에 쓴 약이 좋다'고 하지만 쓴 소리 듣기 좋아하는 사람은 없기 때문이다.

초콜릿도 마찬가지다. 유럽으로 건너온 카카오는 쓴 맛 때문에 환영은커녕 혐오의 대상까지 되었다. 약효도 있지만 그 쓴 맛 때문에 사람들은 오랫동안 초콜릿을 약으로 여겼다. 하마터면 사람들에게서 버려지고 잊혀질 뻔했던 카카오를 열광의 대상으로 만든 것은 다름 아닌 설탕의 단 맛이었다.

카카오의 원산지 멕시코 아스텍인들은 쓰디 쓴 초콜릿을 차갑게 마셨다. 그런데 16세기 전반, 에스파냐에서 멕시코로 건너간 유럽인들은 초콜릿에 설탕을 섞어 따뜻하고 달콤하게 마셨고 이는 곧 멕시코는 물론 전 세계에서 유행하게 되었다.

오늘날 단 맛은 초콜릿의 특성 중 하나가 되었다. 설탕 이외에도 계피나 고추 같은 다양한 향신료를 섞기도 했지만 달지 않은 초콜릿은 상상할 수 없게 되었다. 초콜릿을 먹으면 살이 찐다는 오해도 이 단 맛 때문에 만들어졌다. 시중에 나와 있는 초콜릿 중에는 설탕 함량이 전체의 반 이상이 되는 것도 있다. 비싼 카카오 버터를 덜 쓰기 위해 설탕을 많이 넣기 때문이다. 이런 것은 초콜릿이 아니라 '초콜릿의 탈을 쓴' 설탕 덩어리라고 할 수 있다.

초콜릿 특유의 향을 지키면서 단 맛과 쓴 맛을 함께 즐기기 위해 초콜릿 사탕을 만들기도 했다. 겉에 있는 달콤한 사탕을 다 녹여 먹고 나면 안에 씁쓸한 초콜릿을 만날 수 있다. 하지만 중요한 것은 초콜릿의 원래 맛이 쌉쓰름하다는 것이다. 순수하게 단 음식을 먹고 싶다면 초콜릿이 아닌 다른 음식을 먹어야 할 것이다. 초콜릿에서의 설탕의 역할은 초콜릿의 쓴 맛을 더욱 돋보이게 하는 것이다.

탈무드에는 "나이가 들면 입을 닫고 지갑을 열어라"라는 말이 있다. 특히 쓴 소리만 하는 입은 확실히 닫아야 한다. 자신은 쓴 소리인 줄 모르고 하는 경우도 많다. 예를 들면 명절에 친척끼리 만났을 때 상대가 듣기 싫어하는 질문을 하는 것이다. "너 공부 잘 하느냐?"부터 시작하여 취직, 결혼, 출산 등에 대한 질문이 여기 해당한다. 최근에는 상대가 언급을 싫어하는 질문에 아예 벌금을 매겨놓는다는 우스개 아닌 우스개 얘기도 나돌고 있다. 쓴 소리를 못 버린다면 지갑이라도 열라는 것이다.

나도 나이 들면서 이왕이면 쓴 소리보다는 '단 소리'를 주로 해야겠다고 맘먹게 되었다. 남의 단점 대신 장점을 주로 찾으니 나름 그 사람의 장점이 더욱 커 보이기도 했다. 찾아보면 누구에게나 칭찬할 거리는 다 있게 마련이다. 단 소리 전략을 사람들에게 사용해보니 일단 내 마음이 편했다. 쓴 소리를 해서 상대를 불편하게 한 것은 아닐까 하는 걱정은 덜 수 있으니 말이다. 내 말 한 마디로 상대의 표정이 환해지는 것을 보는 것은 얼마나 즐거운 일인가? 물론 거짓말을 할 수는 없다. 하지만 상대가 싫어할 화제는 거론하지 않으면 된다.

그런데 단 소리만 하다 보니 대화의 진정성이 사라져버린 듯했다. 그저 상대가 좋아할 만한 화제로 칭찬만 하면 대화에 영혼이 없다는 느낌도 든다. 쓴 맛이 싫다고 쓴 맛을 빼버린 초콜릿처럼 말이다. 상대방의 장점만 찾아 칭찬만 계속하면 얼마 지나지 않아 상대도 나의 말에 진정성이 없다는 것을 눈치챈다. 그리고는 결정적인 순간 내 말을 신뢰하지 않게 된다.

단 소리도 쓴 소리와 적절히 섞여 있을 때 더욱 빛이 난다. 너무 달콤한 초콜릿에서는 초콜릿 고유의 향과 맛을 느낄 수 없는 것은 물론 그 단 맛에 진저리가 쳐지는 것과 마찬가지이다.

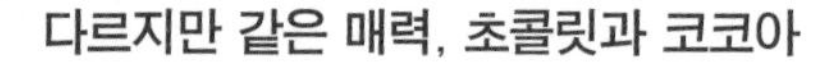

“

I couldn’t separate my mouth from the delicious edges of his cup. A chocolate to die for, soft, velvety, fragrant, intoxicating.

”

- Guy de Maupassant

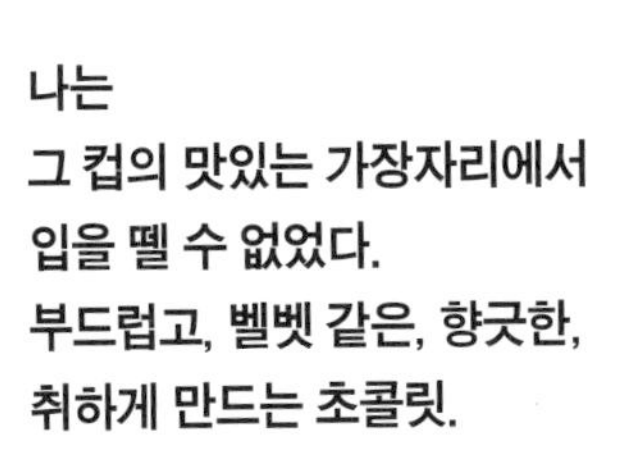

나는
그 컵의 맛있는 가장자리에서
입을 뗄 수 없었다.
부드럽고, 벨벳 같은, 향긋한,
취하게 만드는 초콜릿.

정말 문과 취향, 이과 취향이 따로 있는 걸까? 문과 취향인 나는 뭔가를 스스로 만들어보려는 시도를 해본 적이 별로 없다. 그저 세상에 나와 있는 걸 가져다 내가 적절하게 사용하고 살았을 뿐이다.

그런 내가 일생 동안 단 한 번 뭔가를 만들겠다는 생각을 하고 실제로 실천에 옮긴 일이 있다. 바로 초콜릿을 만드는 것이었다. 초등학생이었던 내가 왜 그런 생각을 했는지는 아직도 잘 모르겠다. 다만 내 입맛에 맞는 맛있는 초콜릿을 만들어보겠다는 막연한 소망을 가졌던 것 같다. 어린 시절 나는 우연히 외국에서 들어온 달콤쌉싸름하고 부드럽게 녹아드는 초콜릿을 맛볼 수 있었다. 그런데 국내에서는 그런 맛을 찾을 수 없었다. 당시 시중에 나와 있던 국산 초콜릿은 초콜릿 고유의 맛보다는 단 맛이 더 강했다. 그것들은 입안에 들어가면 사나운 단 맛으로 미각을 공격했을 뿐이다.

그런데 어느 날 나는 미제 코코아 가루에서 내가 원하던 맛과 향을 발견했다. 초콜릿색으로 반짝이는 캔에 담긴 코코아. 향긋하면서도 뒷맛이 쌉싸름한, 식도를 부드럽게 타고 내려가면서 위안과 편안함을 주는 코코아. 나는 그 코코아 가루로 초콜릿을 만들기로 했다.

어른들은 외출하고 언니 오빠들은 아직 학교에서 돌아오지 않은 조용한 오후 나는 부엌에서 작업을 시작했다. 방법은 간단했다. 물에 코코아를 타고 은근한 불에 졸이는 것이다. 졸이고 졸이다 보면 언젠가는 코코아가 어느 정도 걸죽한 초콜릿이 되리라 기대했다. 그 걸죽한 초콜릿 반

죽을 틀에 붓고 굳혀 내가 원하는 초콜릿을 만들어 언니 오빠들에게 자랑할 것이다. 막내라고 만날 어리게만 보던 내가 그 맛있는 초콜릿을 만들어 내놓으면 언니 오빠들이 어떤 반응을 보일까? "와우, 이거 너 혼자 만들었어? 대단한 걸?" 이라고 하겠지?

나는 가스렌지 곁에 서서 마법의 약을 만드는 마술사처럼 나무 주걱으로 냄비 속 코코아를 젓고 또 저었다. 납으로 금을 만들려는 연금술사의 간절한 마음으로 신중하게 불 조절도 했다. 그래도 코코아가 부족한지 한참을 지나도 국물은 엉기지 않고 멀겋기만 했다. 코코아를 넣고 또 넣고, 우리 5남매가 먹던 코코아는 물론 예비로 사다놓았던 새 코코아까지 다 털어 넣었다. 그러나 코코아는 끝내 초콜릿이 되지 않았다. 그날 저녁 가족이 돌아왔을 때 내가 받은 구박과 조롱은 생략한다.

코코아는 카카오 매스에서 지방인 카카오 버터를 분리해낸 카카오 케이크로 만든다. 카카오 버터는 초콜릿 만드는 데 쓰이고 카카오 케이크 가루는 코코아가 된다. 코코아와 초콜릿이 완전 분리된 것은 19세기 초에 이르러서였다. 네덜란드의 화학자 반 후텐이 카카오 반죽에서 카카오 버터를 추출하는 방법을 발명했다. 이때부터 마시는 음료로서 코코아의 독립이 시작된 것이다. 그 이전에도 마시는 초콜릿이 있었다. 아니 당초 초콜릿은 '먹는' 것이 아니라 '마시는' 것이었다. 이전 시대 교회와 갈등을 빚었던 초콜릿도 다 걸쭉하고 거품 많은 마시는 초콜릿이었다.

CHOCOLAT
GRAND

반 후텐의 발명 덕분에 고체 초콜릿도 등장했다. 카카오 버터를 카카오 반죽에 섞으면 단단하게 굳히기도 좋고 입안에서 스르르 녹는 초콜릿 특유의 부드러운 질감도 살릴 수 있다. 지금 우리가 쉽게 볼 수 있는 판형 초콜릿은 1847년 영국 회사 프라이 사에서 처음 만들었다. 카카오에서 코코아를 따로 분리한 것도 획기적인 발명이었다. 지방을 분리해낸 코코아는 뜨거운 물에 잘 녹고 진한 색깔과 부드러운 맛으로 사람들에게 더욱 가까이 다가올 수 있었다. 마시는 초콜릿과 코코아는 다른 음료이지만 코코아도 부드럽고 향긋한 맛과 향으로 사람들을 매료하기에 충분했다.

어찌 보면 코코아는 초콜릿과 같은 카카오에서 태어났지만 초콜릿으로 제대로 인정받지 못하는 존재 같다. 초콜릿을 만들기 위해 반드시 필요한 초콜릿 버터를 분리해낸 것이 코코아니 말이다. 아무튼 코코아가 초콜릿처럼 반죽이 되려면 기름기가 있어야 한다. 코코아가 물과 열만으로는 초콜릿처럼 엉길 리 없다. 어린 시절 내가 이런 상식을 알았더라면 코코아에 마가린이라도 넣어보았을 텐데….

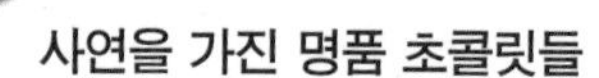

“I never met a chocolate I didn’t like.”

- Deanna Troi

나는 내가 좋아하지 않는 초콜릿을 만난 적이 없다.

SINCE 1894
HERSHEY'S

카카오는 중앙아메리카에서 건너왔지만 초콜릿이 대중에게 사랑받는 제품으로서 날개를 활짝 펴게 된 것은 유럽에서였다. 유럽 국가들은 경쟁적으로 자신들 입맛에 맞는 고급 초콜릿을 개발했고 지금까지도 각기 개성을 자랑하며 전 세계적으로 유통되고 있다. 그런데 명품 초콜릿들은 저마다 흥미로운 사연을 지니고 있다. 맛은 물론 그 사연들이 명품의 가치를 더 높이는 것이다.

스위스의 명품 초콜릿 중 가장 잘 알려진 것은 1901년에 만들어진 슈샤드의 밀크 초콜릿 밀카이다. 연보라색 포장에 젖소가 그려진 밀카는 전 세계 밀크 초콜릿의 대명사로 여겨지고 있다. 슈샤드 가문에서 초콜릿 사업을 시작한 사람은 필립 슈샤드였다. 어린 시절 가난 속에 살았던 필립 슈샤드는 1809년 병을 앓고 있는 어머니에게 줄 초콜릿을 사러 약재상에 갔다. 당시 초콜릿 500g 정도의 값은 노동자가 사흘 동안 일해야 받을 수 있는 임금에 해당하는 금액이었다. 너무 비싼 초콜릿 값에 필립은 깜짝 놀랐다. 그는 자신도 초콜릿을 만들어 팔아 큰 돈을 벌기로 작정했다. 그래서 다른 도시에서 당과류 사업을 하고 있던 형을 찾아가 기술을 배우기 시작했다. 그는 1825년 자신의 가게를 열었고 '디아블로텡'이라는 네모난 초콜릿 과자를 만들어 시장에 내놓았다. 그의 초콜릿은 인기를 얻었고 밀카를 만들 수 있는 힘이 되어주었다.

벨기에는 프랄린 초콜릿으로 유명하다. 셸 초콜릿이라고도 불리는 프랄린 초콜릿은 초콜릿으로 겉껍질을 만들고 속에 다양한 재료를 채운 초콜릿이다. 그중 가장 유명한 브랜드는 1926년

벨기에 브뤼셀에서 시작된 고디바이다. 고디바는 11세기 영국 코벤틀리 지방을 다스리던 영주 아내의 이름이다. 시민들이 세금 때문에 고생하는 걸 본 고디바는 세금을 감면해주자고 남편에게 요청했다. 그런데 영주인 남편은 아내가 받아들이기 어려운 조건을 제시했다.

"당신이 벌거벗은 채 말을 타고 마을을 한 바퀴 돌면 세금을 깎아주겠소."

사실상 거부의 표시였다. 그런데 고디바는 정말 벌거벗고 말에 올라 거리로 나섰다. 그 소식을 들은 마을 사람들은 모두 커튼을 내리고 창밖을 내다보지 않았다. 고디바의 용기에 대한 찬사와 감사의 표시였던 것이다. 결국 영주는 약속대로 세금을 감면할 수밖에 없었다. 고디바 초콜릿은 지금도 말을 탄 고디바의 모습을 로고로 사용하고 있다.

이탈리아 초콜릿 중 가장 잘 알려진 것은 헤이즐넛을 섞어 만든 지앙주아이다. 지앙주아는 1865년에 처음 출시되었는데 여기에도 특별한 사연이 있다. 1861년 이탈리아가 통일되었을 때 정부는 재정 확보를 위해 수입되는 카카오 원두 등에 높은 관세를 매겼다. 카카오 원두가 너무 비싸 구하기 어려워지자 이탈리아 사람들은 카카오 원두를 덜 쓰고 초콜릿을 만드는 방법을 찾아냈다. 이탈리아 티에몬테 지방의 특산물 헤이즐넛을 갈아서 초콜릿 반죽에 섞은 것이다. 지앙주아라는 이름도 피아몬테 지방의 연극 가면 이름에서 따왔다. 외국 여행 후 선물로 많이 사오는 페레로 로쉐 초콜릿도 헤이즐넛이 들어 있는 이탈리아 제품이다.

19세기 영국에서는 두 개의 초콜릿 회사가 서로 경쟁하고 있었다. 시장을 선점한 회사는 프라이 사였는데 당시 영국 해군에 초콜릿과 코코아를 독점 공급할 수 있는 권리를 가지고 있었다. 든든한 시장 확보로 세계 최대의 초콜릿 회사가 될 기회를 얻은 프라이 사 앞에 새로운 경쟁자 존 캐드버리가 나타났다. 캐드버리는 빅토리아 여왕 궁정에 초콜릿을 납품하게 되었고 고양이를 안고 있는 소녀 그림이 그려진 초콜릿 상자를 출시해 큰 인기를 끌었다. 이후 프라이 사와 캐드버리 사는 서로 엎치락뒤치락 경쟁적으로 신제품을 선보였다.

그런데 그 경쟁의 최종 승리자는 캐드버리 사였다. 캐드버리 사는 자사 제품에 전분과 밀가루가 들어 있다고 인정하고 이후로는 절대 불순물을 섞지 않겠다고 재빨리 선언했다. 그리고 제품에 성분과 함량 표시를 하자고 제안하며 '아주 순수한, 그래서 최고인'이라는 슬로건을 내걸었다. 이 사건으로 궁지에 몰린 회사는 프라이 사였다. 회사의 혁신을 시장에 어필할 기회를 놓쳐버린 것이다.

이후 캐드버리는 양심적인 회사라는 이미지를 얻게 되었고 오늘날 영국은 물론 세계에서도 손꼽히는 초콜릿 기업이 되었다. 작가 로알드 달은 캐드버리의 공장과 직원들을 위해 지은 모델 타운에서 영감을 얻어 〈찰리와 초콜릿 공장〉을 썼다고 한다. 이런 선택을 받은 것도 회사의 이미지가 좋은 덕분일 것이다.

러시아 사람들은 케이크와 초콜릿을 홍차에 곁들여 먹는 것을 즐긴다. 제2차 세계대전 후 미국과 어깨를 나란히 하던 소련 시절, 소련 정부는 초콜릿 브랜드 개발에 힘을 기울였다. 소련을 대표할 만한 초콜릿이 없었기 때문이다. 그 결과 만들어진 브랜드가 겉포장에 아기 얼굴이 그려진 알룐카 초콜릿이다. '알룐카'는 세계 최초의 여자 우주 비행사였던 발렌티나 테레슈코바의 딸 이름에서 따왔다. 원래 그 딸의 이름은 알료나였는데 귀여운 느낌을 주기 위해 알룐카로 바꾼 것이다. 포장의 스카프 쓴 아기 그림은 한 기자의 딸을 모델로 그린, 초콜릿 브랜드 공모에서 선정된 그림이다.

초콜릿의 명품으로 미국의 허시초콜릿을 빼놓을 수 없다. 15세에 과자점에서 견습공으로 일하기 시작한 허시는 19세에 필라델피아에 자신의 과자 가게를 열었다. 그는 1893년 시카고에서 열린 만국박람회에서 초콜릿 제조 기계를 처음 본 후 영감을 얻었고, 초콜릿 기계를 사다가 자신이 만든 캐러멜을 초콜릿에 입히기 시작했다. 그는 이후 초콜릿 대량 생산 체제를 구축했고 같은 시대 자동차 라인 생산을 이뤄낸 헨리 포드에 견주어 '초콜릿 업계의 헨리 포드'라 일컬어졌다.

세상에는 초콜릿도 많고 거기에 얽힌 사연도 많다. 그러나 그 초콜릿들이 모두 하나의 목적으로 만들어졌다는 점이 중요하다. 그 목적은 초콜릿으로 사람들에게 행복을 제공하는 것이다. 어떤 초콜릿이라도 사랑하지 않을 수 없는 가장 큰 이유이다.

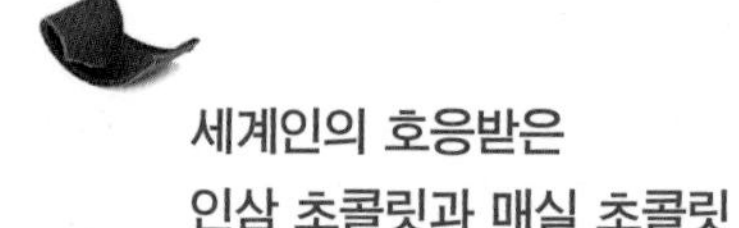

세계인의 호응받은 인삼 초콜릿과 매실 초콜릿

> “
>
> **Chocolate symbolizes, as does no other food, luxury, comfort, sensuality, gratification, and love.**
>
> ”

\- Karl Petzke

초콜릿은 다른 음식과 마찬가지로 호화로움, 편안함, 관능, 만족, 사랑을 상징합니다.

초콜릿과 가장 잘 어울리는 식품은 단연 우유이다. 우유는 유지방과 단백질 등의 성분으로 초콜릿을 더욱 부드럽게, 더욱 영양가 높게 만들어 준다. 우유 다음으로 많이 사용되는 식품은 견과류이다. 전 세계에서 생산되는 아몬드의 약 40%와 땅콩의 약 20%는 초콜릿에 사용된다고도 한다. 그 외에도 초콜릿에 들어가는 견과류는 많다. 헤이즐넛, 마카다미아, 호두, 캐슈넛 등이 들어간 초콜릿도 인기 제품의 대명사가 되고 있다. 어찌 보면 이런 견과류를 있는 모양 그대로 먹는 것보다 초콜릿 속에서 만나는 경우가 더 많을 수도 있다. 견과류는 초콜릿의 맛을 더욱 풍성하게 해주는 동시에 건강에 좋은 성분도 많이 함유하고 있다. 각종 비타민이 풍부하고 심장병의 위험과 콜레스테롤을 줄여주는 성분이 들어 있으니 단 초콜릿에 대한 걱정을 줄일 수도 있다. 말린 과일도 초콜릿과 잘 어울린다. 초콜릿 만들 때 과일을 넣을 수도 있지만 생과일로 초콜릿 퐁듀를 만드는 것도 과일과 초콜릿 두 가지 식품의 맛을 그대로 느낄 수 있는 훌륭한 방법이다. 또 바닐라나 민트, 계피나 칠리와 같은 향료를 섞어도 초콜릿의 맛을 더욱 풍부하게 만드는 데 큰 도움이 된다.

초콜릿에 어울리는 식품을 찾는 본정초콜릿의 노력은 맛을 위한 것임은 물론 전통 깊은 서양의 초콜릿과 차별을 꾀하는 작업이기도 하다. 물론 초콜릿이 다른 식품을 잘 받아들인다 해서 '아무 것'이나 섞을 수는 없다. 용도에 따라 물성이 다르고 초콜릿 자체가 온도, 습도 등에 민감하기 때문에 깊은 연구와 축적된 기술이 있어야 많은 사람의 입을 즐겁게 하는 초콜릿을 만들 수 있다.

초콜릿의 맛과 영양을 더해주는, 단짝 식품을 찾는 노력은 우리나라에서도 활발하게 이뤄지고 있다. 우리나라 토종 브랜드인 '본정초콜릿'에서는 인삼 초콜릿과 매실 초콜릿을 개발했다. 인삼 초콜릿은 카카오가 주 원료인 일반 초콜릿에 인삼 정과와 인삼 분말을 더해 만든 특별한 초콜릿이다. 인삼 정과에서는 인삼 고유의 쓴 맛을 제거하여 독특한 향과 맛이 나도록 하였다. 인삼이 건강에 얼마나 도움이 되는지는 굳이 설명할 필요도 없다.

쓴 맛과 단 맛의 만남이 인삼 초콜릿이라면 그 뒤를 이은 매실 초콜릿은 신 맛과 단 맛의 결합이었다. 옹기 속에서 숙성된 매실을 초콜릿 안에 넣어 새콤한 매실의 맛과 식감이 초콜릿의 맛과 잘 어울리도록 만든 제품이다. 매실 초콜릿 생산에도 매실 농가와 직접 교류하여 신선한 원료를 조달하여 사용하는 것을 우선으로 하고 있다. 본정초콜릿이 만든 몸에도 좋은 세 번째 초콜릿은 홍삼 초콜릿이다. 홍삼에 함유된 사포닌이 지방 감소에 효과가 있다는 뉴스가 전해지면서 홍삼 초콜릿은 다이어트 식품으로도 떠오르고 있다.

인삼 초콜릿을 개발한 본정초콜릿의 다음 목표는 세계 시장을 공략하는 것이었다. 가장 한국적인 것이 가장 세계적인 것이라는 잘 알려진 슬로건을 초콜릿으로 실현해 보이려 한 것이다. 결과는 대성공이었다. 일본은 물론 유럽 등 서구 소비자들의 입맛도 만족시킨 것이다.

우리의 토종 초콜릿을 들고 세계 시장으로 나가기 위해 본정초콜릿에서는 특별한 포장 용기를 고안했다. 바로 우리 전통 그릇인 옹기이다. '숨쉬는 그릇'이라고도 불리는 옹기의 겉모습은 아름답고 매력이 있다. 또 옹기는 발효하기에 좋고 온도 조절이 가능해 초콜릿을 최상의 상태로 유지하는 데 안성맞춤이다. 우리 전통 그릇인 옹기에 서양 식품인 초콜릿을 담아 시장에 내놓는다는 것은 특별한 의미가 있었다. 또 우리 특산물인 인삼이나 매실을 초콜릿에 담아 외국에 소개하고 그들의 호응을 받은 것도 커다란 보람이었다. 이 모두 동서양의 조화를 꾀하는 시도였기 때문이다.

시대의 지성 이어령 선생님은 생전에 옹기에 담겨 있는 본정초콜릿을 보고 "한국의 문화 원형인 옹기가 서양의 초콜릿을 포용한 기막힌 사건이다. 옹기 초콜릿은 한국의 문화가 서구의 문화를 품은 것이나 다름없다"라고 감탄하셨다.

초콜릿은 호화로움과 편안함과 사랑을 상징한다. 초콜릿의 이 크고도 넓은 이상을 만족시키는 재료는 찾기 쉽지 않다. 하지만 먹는 사람에게 행복을 선사하기 위해, 초콜릿의 단짝을 찾는 본정초콜릿의 노력은 오늘도 계속되고 있다.

“Don’t ruin a sublime chocolate experience by feeling guilty.”

- Lora Brody

죄책감으로 숭고한 초콜릿 경험을 망치지 마십시오.

"치킨은 살 안 쪄. 먹는 네가 살찌는 거지."
이런 얘기 들으면 왠지 약이 바짝 오른다. 짧은 순간이지만 앞 문장을 듣고 가졌던 기대감이 무너져버려서일까? 이런 말장난으로 사람을 우롱하다니…. 치킨에 대한 모독이고 치킨 먹는 걸 못 참는 사람에 대한 기만이다. 이 얘기가 아니라도 다이어트에 대한 조언은 늘 조롱 같고 듣는 사람의 자존감을 떨어뜨리기 쉽다. 실컷 먹으면서 살을 빼는 건 정말 불가능한 걸까?

나는 통통한 아기로 태어나 평생 '통통' 이상의 몸매를 유지하고 살았다. 그런 나는 지금까지 살아오며 세상 거의 모든 다이어트를 다 경험해봤다. 고단백 저열량식으로 챙겨 먹는 덴마크 다이어트, 과일이든 뭐든 한 가지 음식만 먹고 견디는 원 푸드 다이어트, 효소를 물에 타서 그것만 마시고 사는 효소 다이어트, 고기만 먹는 황제 다이어트, 배고플 때 풍선을 부는 풍선 다이어트, 하루는 과일만 먹고 다음 날은 채소를 실컷 먹는 회전식 다이어트, 이뇨 효과가 있는 동규자 차를 마시는 차 다이어트, 밥이나 빵 섭취를 줄이는 탄수화물 억제 다이어트, 식초를 물에 타 마시는 식초 다이어트, 식초에 절인 콩을 먹는 초콩 다이어트, 다시마만을 반찬 삼아 먹는 다시마 다이어트, 하루 열여섯 시간 공복을 유지하는 간헐적 단식, 침대 같은 데 가만히 누워 있으면 기계가 내 몸을 움직여주는 값이 비싼 운동 다이어트.

나는 수없이 많은 시도와 실패를 되풀이했기 때문에 각종 다이어트에 대한 정보를 거의 다 확보하고 있다. 그런데 실패만 하던 내가 스스로 개발하고 나름 성공에 이르게 된 다이어트 방법이

있다. 바로 '자존감 다이어트'다. 다이어트는 내 몸과 마음의 건강을 위해서 하는 일이다. 그런데 대부분의 다이어트는 몸을 괴롭히고 정신에 심한 스트레스를 안기곤 한다. 심지어 냉장고를 붙들고 운다는 사람도 있다. 하지만 그런 다이어트는 결코 몸과 마음에 도움이 될 수 없다. 또 다이어트의 핵심은 몸으로 들어가는 것을 줄이는 것인데 먹고 싶은 것을 억지로 참아서는 절식할 수 없다. 먹을 수 없다는 생각이 오히려 식욕 중추를 자극하여 더 배고파진다.

자존감 다이어트는 말 그대로 나 스스로 내 몸을 소중히 여기는 것이다. 생각을 바꾸면 음식물을 열량이 높은 음식, 낮은 음식으로 구분하지 않고 내 몸에 좋은 음식과 내 몸에 해로운 음식으로 구분하게 된다. 또 나를 진정 위하면 늦은 시간에 뭔가를 먹고 싶은 유혹이 생기지 않는다. 밤 동안 소중한 내 몸 구석구석을 정비할 에너지를 소화에 허비하게 된다는 것을 알기 때문이다.

자존감 다이어트 방법 중 하나는 식사 전에 초콜릿을 먹는 것이다. 초콜릿이 살찌게 하는 원흉이고 다이어트를 하려면 초콜릿부터 멀리 해야 한다는 게 일반 상식이다. 그런데 초콜릿으로 다이어트를 하다니 그게 정말 가능할까? 사실 많은 사람이 초콜릿의 다이어트 효과에 대해서 이야기하고 있다. 초콜릿에 들어 있는 카페인이나 테오브로민 등의 물질이 자율신경을 조절하여 조금만 먹어도 포만감이 들고 뭔가 먹고 싶은 생각이 사라진다고 한다. 그러니 허겁지겁 이것저것 과식하는 걸 막을 수 있다. 혈압을 낮추고 인슐린 혈당 조절 능력을 높여준다는 연구 결과도 있고 1주일에 닷새 초콜릿을 먹으면 체질량 지수가 낮아진다는 보고도 있다. 하지만 이런 결과를 맹신하기는 어렵다. 개인마다 건강 상태가 다르고 시중의 수많은 제품 중 어떤 초콜릿이 건강에 도움이 되는지도 알기 어렵기 때문이다.

종류에 따라 다르지만 초콜릿에는 100g당 평균 50g의 설탕과 37g의 포화지방산이 들어 있고 약 500kcal의 열량을 낸다고 한다. 초콜릿은 비만과 관련하여 죄가 없다. 단지 그 안에 들어 있는 설탕이나 지방 등이 우리를 살찌게 할 뿐이다. 초콜릿이 너무도 맛있어 먹을 때 죄책감을 느낀다는 사람도 있다. 어떤 음식이든 먹을 때 죄책감을 느낀다면 그것으로 다이어트는 실패이다. 죄책감이 우리의 몸과 정신을 얼마나 해롭게 하겠는가?

FERRERO
ROCHER

그럼 어떻게 초콜릿을 먹어야 할까? 자존감을 충분히 발휘하여 내 몸을 위한 좋은 초콜릿을 고르는 것으로부터 다이어트는 시작된다. 초콜릿을 선택하기 전에 우선 함유량을 살펴야 한다. 가능하면 다른 혼합물이 덜 섞인 순수 초콜릿이 몸에 좋다. 예를 들어 카카오가 60~75% 정도 함유된 고급 초콜릿이라면 매일 25g씩 먹어도 살이 찔 염려가 거의 없다.

또 초콜릿을 허겁지겁, 우적우적, 끝도 없이 먹던 습관도 버려야 한다. 조금씩 떼내서 우아하게, 도도하게 천천히 음미하고 내 몸으로 초콜릿을 충분히 느끼며 먹는다. 그리고 달갈 무게보다 조금 적은 만큼 먹었다면 미련을 버리고 초콜릿을 손에서 내려놓는다. 비만은 무엇을 먹는가보다 얼마나 많이 먹는가에 좌우되기 때문이다. 초콜릿을 그렇게 품위 있게 먹는 게 습관이 될 즈음 당신은 초콜릿에 대해 정확하게, 당당하게 말할 수 있을 것이다.

"초콜릿은 살 안 쪄. 그 안에 들어 있는 설탕과 지방이 살찌게 하지."

"손에서는 안 녹고 입에서만 녹는다"

"
Life is like chocolate: you should enjoy it piece for piece and let it slowly melt on your tongue.
"

- Nina Sandmann

인생은 초콜릿과 같습니다. 조각 조각을 즐기고 혀에서 천천히 녹도록 해야 합니다.

얼마 전 외국 여행에서 돌아오신 분이 초콜릿을 사 왔으니 함께 먹자고 하셨다.
"인희 씨니까 내가 편한 마음에 내놓는 거야."
대체 어떤 초콜릿이기에 편한 사람에게만 줄 수 있다는 것일까? 그분이 냉장고에서 꺼낸 초콜릿은 삼각 기둥 모양의 유명 브랜드 초콜릿이었다. 멀쩡해 보이는데 왜 그렇게 조심스럽게 꺼내놓으시는 걸까?
"내가 이번에 입국할 때 공항에서 큰 짐을 못 찾았잖아. 집에 온 후 열흘 만에 짐이 돌아왔는데 그동안 초콜릿이 이렇게 되었더라고."
종이로 된 포장을 벗겨보니 놀랍게도 은박지에 싸인 내용물은 종이 상자보다 길이가 짧았다. 짐이 떠돌아다니면서 초콜릿이 녹았다가 은박지 안에서 다시 굳었는데 밀도가 높아지면서 부피가 줄어 삼각 기둥의 길이가 짧아진 것이다.
"포장을 뜯지도 않았는데 마치 한 입 베먹은 것처럼 길이가 줄었더라고. 맛있는 초콜릿이니 우리 둘이 나눠 먹읍시다."
은박지를 뜯으시는 그분의 손을 보면서 내가 그분께 진정으로 편한 사람이라 생각했다. 그렇게 겉모습이 변해버린 초콜릿을 거리낌 없이 나눌 수 있으니 말이다. 초콜릿 맛에는 아무런 문제가 없었다. 마치 오이나 가지가 모양은 예쁘지 않아도 그 맛에는 아무런 차이가 없는 것처럼…. 우리는 낯선 곳에서 주인을 잃고 녹았다 굳었다를 반복했을 초콜릿의 험난한 여행에 대해 얘기를 나눴다. 그리고 초콜릿 사이사이에 접혀 들어간 은박지를 후벼 파며, 소녀처럼 괜히 깔깔 웃으며 그 명품 초콜릿을 나눠 먹었다.

어떻게 해야 초콜릿을 제대로 보관할 수 있을까? 초콜릿을 보관할 때 가장 중요한 것은 온도이다. 초콜릿의 주 성분인 카카오 버터는 28℃에서 36℃ 사이, 체온과 비슷한 온도에서도 녹기 때문이다. 초콜릿 보관의 적정한 온도는 12~18℃이다. 그 외에도 초콜릿의 맛과 향기를 유지하려면 습도 65%, 냄새는 물론 강한 빛도 없는 곳에 보관하는 것이 좋다. 다크 초콜릿보다는 밀크 초콜릿이나 화이트 초콜릿의 보존 기간이 짧다. 심지어 화이트 초콜릿은 냄새를 잘 빨아들이기 때문에 더욱 조심스럽게 보관해야 한다.

초콜릿 보관을 잘못하면 표면에 하얀 가루가 생기는데 이를 블룸 현상이라고 한다. '블룸'은 꽃이 핀다는 뜻의 단어로, 하얗게 핀 가루가 꽃처럼 보인다고 붙은 이름이다. 블룸 현상이 생기는 이유는 두 가지이다. 하나는 온도가 높은 곳에 초콜릿을 두었을 때 일어나는 팻 블룸 현상이다.

녹았던 카카오 버터가 초콜릿 표면에서 다시 굳으며 생긴 지방 결정이 뿌옇게 보이는 것이다. 또 하나는 슈거 블룸인데 이는 습도와 관련이 있다. 습도가 높은 곳에 초콜릿을 보관하면 수분에 녹은 설탕이 표면에서 굳으며 하얗게 보이는 것이다. 30℃ 이상에서 두 시간 이상 보관하면 팻 블룸이 생길 수 있다. 직사광선도 블룸을 만든다.

블룸 현상이 나타났다 하더라도 초콜릿이 상한 것은 아니다. 몸에 해롭지는 않지만 맛은 떨어진다. 또한 맛이란 미각으로만 느끼는 게 아니라 시각으로, 후각으로도 느끼는데 초콜릿 본래의 모습을 잃었으니 맛에도 변화가 생길 수밖에 없다.

초콜릿을 냉장고에 보관하면 안전하다고 생각할 수 있다. 물론 냉장고에 두면 팻 블룸은 피할 수 있다. 하지만 냉장고에서는 다른 냄새가 배기 쉽다. 또 냉장고 같이 찬 곳에 두었다가 꺼내면 표면에 습기가 맺히면서 슈거 블룸이 생길 수 있다. 그러니 냉장고에 보관할 때는 은박지에 싸고 꺼낸 후에는 초콜릿이 상온이 될 때까지 은박지를 벗기지 않는 것이 좋다. 물론 초콜릿에게는 '상온'이라는 말도 막연하다. 여름철에는 30℃가, 겨울철에는 10℃가 '상온'이 될 수 있으니 말이다.

"손에서는 안 녹고 입에서만 녹는다."

광고 카피 중 고전으로 꼽히는 이 초콜릿 광고도 온도와 습도에 대한 이야기이다. 초코볼 표면에 코팅을 하여 체온에서는 녹지 않도록 하고 입안의 침으로 코팅이 녹도록 만들었다는 얘기다. 초콜릿을 혀에서 녹여 천천히 즐기고 싶어 하는 사람들의 욕구를 자극한 광고 카피이다. 초콜릿의 대량 생산을 실현한 허쉬는 카카오 버터 대신 식물성 기름을 사용해 여름에도 잘 녹지 않는 초콜릿을 만들기도 했다. 덕분에 제2차 세계대전 때 전쟁터에 나간 군인들도 초콜릿을 즐길 수 있었다. 하긴 녹았다가 다시 굳어 길이가 짧아졌더라도 전쟁터의 군인들에게 초콜릿은 커다란 여유와 위안을 주었을 것이다.

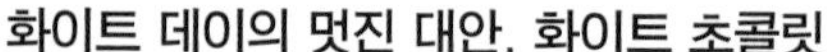

“

If chocolate is a taste of Heaven, what does the fact that it is within everyone’s reach mean?

”

- David Augsberger

초콜릿이 천국의 맛이라면 누구나 손이 닿는 곳에 있다는 사실은 무엇을 의미합니까?

"이게 뭐야?"

"너 주려고 샀어. 오늘 화이트 데이잖아."

"어, 초콜릿이네? 화이트 데이에는 사탕 선물하는 건데."

"나도 알아. 그런데 너는 사탕보다 초콜릿을 더 좋아하잖아.
그래도 화이트 데이니까 화이트 초콜릿으로 준비했지."

발렌타인 데이에는 여자가 남자에게 초콜릿을, 화이트 데이에는 남자가 여자에게 사탕을 주며 사랑을 고백하는 것은 우리나라에서도 관습처럼 굳어지고 있다. 물론 반드시 이런 것들을 주고받아야 사랑을 고백할 수 있는 것은 아니다. 초콜릿 회사나 사탕을 생산하는 회사의 마케팅 전략에 우리가 기꺼이 지갑을 열고 있다는 것도 이미 다 알려진 얘기다. 하지만 그날이 오면 수많은 남녀가 초콜릿을, 사탕을 사랑하는 사람에게 선물한다. '그날', 젊은이들이 모이는 거리에 나가보면 화려하게 포장된 초콜릿을, 사탕을 든 남녀가 넘쳐난다. 주고 받는 그 자체가 즐겁기 때문이다.

그런데 발상을 전환해볼 필요는 있다. 화이트 데이에 여자친구에게 사탕 대신 초콜릿을 선물하는 거다. 화이트 데이니까 화이트 초콜릿이 적합할 것 같다. 무엇이든 그녀가 받고 행복해 한다면 그게 가장 좋은 화이트 데이 선물 아닐까? 아니, 그보다 이런 달달한 대화를 나눌 사람이 있다는 것 자체가 서로에게 선물이 될 것이다.

우리는 보통 짙은 적갈색을 '초콜릿색'이라 말한다. 그 특유의 색이 초콜릿을 먹고 싶다는 욕구를 자극하기도 한다. 그렇다면 초콜릿색이 아닌 초콜릿을 초콜릿이라고 할 수 있을까? 색깔 때문에 화이트 초콜릿을 초콜릿의 범주에 넣는 것에 대한 논란은 오래 전부터 있었다. 화이트 초콜릿 애호가는 다음의 단 한 마디로 그 논란을 잠재우려 할 것이다. "초콜릿의 기준은 색상이 아니라 카카오 원료를 사용했는가 여부와 그 함량이다."
그러면서 마치 살구색 물감이 '살색'으로 일컬어져서는 안 되는 것처럼 적갈색을 '초콜릿색'이라 부르는 것도 부당하다고 하며 초콜릿의 차별 금지를 주장하고 나설지도 모른다. 물론 누가 뭐라 해도 화이트 초콜릿도 초콜릿이다. 일단 '초콜릿'이라는 이름이 붙어 있지 않은가? 여러 종류의 가짜 초콜릿이 있지만 그것들에 '초콜릿'이라는 이름을 아무렇게나 붙여주지는 않는데 말이다.
하얗고 초콜릿 맛을 가졌다고 해서 무조건 화이트 초콜릿은 아니다. 화이트 초콜릿은 카카오 매스에서 분리해낸 지방 성분 카카오 버터로 만든다. 여기에 설탕과 여러 가지 향을 넣을 수 있지만 카카오 버터의 함유량이 20% 이상이 되어야 한다. 그래야 비로소 화이트 초콜릿이라 불릴 수 있다. 코코아 버터가 20% 이상 함유된다는 것은 그만큼 부드러운 고급 초콜릿이라는 뜻이다. 초콜릿 고유의 색을 결정하는 것은 초콜릿 매스인데 초콜릿 버터는 거기서 지방 성분만 짜낸 것이라 특유의 색을 나누지 못했을 뿐이다.
사랑하는 사람과 함께 하는 시간은 그 어떤 보석보다 소중하고 그 어떤 꽃보다 아름답다. 행복을 누리고 싶다면 사랑하는 사람과 함께 하는 그 시간을 아껴야 한다. 그 행복한 시간에 초콜릿이 함께 한다면 그것이 바로 환상이며 바로 그곳이 천국이 될 것이다. 천국은 우리 안에, 사랑하는 마음속에 있으니까. 감미롭고 부드러운 화이트 초콜릿, 사랑하는 사람과 함께 하는 화이트 데이를 더욱 달콤하게 빛내줄 아주 멋진 대안이다.

“

Chocolate is cheaper than therapy, and you don’t need an appointment.

”

- Jill Shalvis

초콜릿은 치료보다 저렴하며 예약이 필요하지 않습니다.

"저기압일 때는 고기 앞으로!"
'고기 앞'이 '고기압'과 발음이 비슷한 것을 이용한 말장난이다. 그래도 맛있는 고기가 우울하던 기분을 풀어준다는 데는 많은 사람이 동의할 것이다. 이렇게 어떤 음식은 단지 배만 불리는 것이 아니라 사람을 행복하게 만드는 그 무언가를 담고 있다. 행복을 주는 음식 가운데 대표 선수는 역시 초콜릿이다. 초콜릿을 보면 우울함이 사라지고 마음의 위안을 얻을 수 있다. 그래서 드라마나 영화를 보면 연인과 헤어지고 울면서 판초콜릿을 우적우적 깨물어 먹는 모습이나 스트레스가 머리 끝까지 차올랐을 때 서랍을 열어 그 안에 있는 초콜릿 상자를 여는 장면이 자주 나온다. 초콜릿이 정말 사람을 행복하게 해줄까, 아니면 단 음식이 주는 긴장 해소일까, 아니면 단지 자기 최면이나 기분 탓일까?
그런데 초콜릿은 실제로 '행복 바이러스'를 포함하고 있고 초콜릿을 먹으면 기분이 더 좋아져서 계속 초콜릿을 원하게 된다고 한다. 그저 호사가들이 꾸며낸 이야기가 아니다. 실제로 스트레스와 불안감을 조절하도록 뇌의 반응을 유도하는 정신 활성 물질이 초콜릿에서 발견된다는 것이다.

초콜릿에 들어 있는 '아난다마이드'라는 물질은 뇌의 쾌락 수용체를 자극한다. '아난다마이드'라는 용어의 유래도 의미심장하다. 아난다마이드는 행복 또는 즐거움을 뜻하는 산스크리트어 '아난다'에서 나온 말이다. 이 아난다마이드는 밀크 초콜릿보다는 다크 초콜릿에 많이 들어 있다. 설탕이 적게 들어 있어도 아난다마이드가 단 맛을 풍부하게 해준다. 정말 고마운 성분 아닌가.

초콜릿은 아난다마이드로 뇌의 쾌락 수용체를 자극하고 그 유명한 엔돌핀을 분비시켜 행복 세포를 만들게 한다. 초콜릿에 들어 있는 천연 마약 페닐에틸아민 즉 PEA도 한 몫을 거든다. 사랑에 빠졌을 때 뇌에서 분비되며 '사랑의 마약'이라 불리는 PEA, 아난다마이드, 엔돌핀 등이 세로토닌 분비를 촉진한다. 세로토닌은 뇌에서 일어나고 있는 쾌락에 긍정적인 느낌을 한번 더 자극해준다. 마치 활활 타고 있는 장작불에 기름을 한번 더 끼얹듯. 초콜릿 섭취로부터 시작된 이런 물질들의 잔치가 사람의 기분을 좋아지게 만드는 것이다.

그런데 초콜릿이 치료약은 아니다. 초콜릿에서 시작된 세로토닌 분비가 일시적으로 우울감에서 벗어나게 해줄지는 모른다. 하지만 그것은 아주 짧은 시간이다. 중요한 것은 스트레스가 발생하기 전에 미리 초콜릿을 먹어 문제 발생을 예방하는 것이다. 그럼 정말 초콜릿이 스트레스를 막아줄까? 2주 동안 매일 초콜릿 40g을 먹으니 만성 스트레스가 사라졌다는 연구 보고가 있다.

그 이유는 초콜릿이 스트레스 호르몬이라 불리우는 코티솔의 혈중 농도를 낮춰주기 때문이다. 스트레스 상황에 분비되는 코티솔은 근육에서 아미노산을, 간에서는 포도당을, 지방 조직에서는 지방산을 혈액 안으로 내보내 몸이 당장 필요로 하는 에너지원으로 사용할 수 있도록 한다. 평소 코티솔은 스트레스를 받는 상황에서 정상 혈압을 유지하게 하고 염증이 심해지는 것을 막아준다. 하지만 스트레스 상황이 계속되어 코티솔 수치가 과잉 상태가 되면, 근육 및 골격 손실, 체지방 증가, 고혈당, 고혈압, 기억력 저하 등이 발생한다. 초콜릿은 이런 코티솔의 과잉 상태를 예방한다는 것이다.

초콜릿은 나이 들면서 생기는 기억력 감퇴도 예방할 수 있다. 이탈리아 라퀼라 대학의 페리 박사는 경도 인지 장애 노인에게 8주 동안 카카오의 폴리페놀 성분을 섭취하게 하는 실험을 했다. 치매는 아니지만 인지 기능이나 기억력이 다소 떨어진 상태였던 이 노인들은 폴리페놀 섭취 이후 인지 능력이 개선되었다. 폴리페놀 섭취량이 많을수록 효과가 크다는 점도 밝혀졌다. 카카오 함량이 높은 초콜릿을 꾸준히 먹으면 기억력 향상에 큰 도움을 받을 수 있다는 것이다. 그래서 본정초콜릿에서도 '기억력 초콜릿'을 만들어냈다. 수능 등 큰 시험을 앞둔 수험생들에게 초콜릿을 선물하는 경우가 많은데 본정의 초콜릿을 먹은 수험생들이 보다 확실한 효과를 얻기 바라는 마음을 담았다.

기억력 초콜릿
memory chocolate
기억력 초콜릿
ORIENTAL CHOCOLATE SINCE 1999

또 만성피로증후군을 보이는 두 집단에 카카오 85%의 초콜릿과 카카오 함량이 낮은 초콜릿을 각각 먹게 하는 실험도 있었다. 이들은 서로 다른 초콜릿을 매일 45g씩 하루 세 번에 나눠 먹었다. 8주 후 카카오의 폴리페놀이 풍부한 85% 초콜릿을 먹은 사람들은 피로가 35%, 불안감이 37%, 우울감이 45% 감소되는 결과를 보였다. 하지만 카카오 함량이 낮은 초콜릿을 먹은 사람들은 실험 전보다 오히려 수치들이 올라갔다. 이는 카카오 함량이 높은 초콜릿은 피로 회복, 불안이나 우울감 해소에 도움이 된다는 것을 말해준다.

하지만 잊지 말아야 할 점이 하나 있다. 자신이 원하는 효과를 보려면 카카오 함량이 높은 초콜릿을 꾸준히, 소량으로 먹는 것이다. 초콜릿이 몸에 해로운 것은 초콜릿의 잘못이 아니다. 설탕이나 질 낮은 크림이 많이 함유된 초콜릿 아닌 초콜릿을 양껏 먹는 식습관의 잘못일 뿐이다.

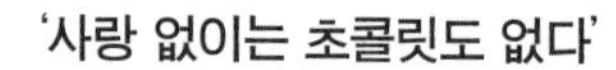

‘사랑 없이는 초콜릿도 없다’

“

Don’t think chocolate is a substitute for love. Love is a substitute for chocolate.

”

- Miranda Ingram

초콜릿이 사랑의 대용품이라고 생각하지 마세요. 사랑은 초콜릿의 대용품입니다.

많은 사람이 초콜릿을 탐하지만 그것의 참 가치를 아는 사람은 흔치 않다. 영화 '찰리와 초콜릿 공장'은 초콜릿의 가치에 대하여 말하고 있다. 그 가치가 말이 아니라 몸에 배어 있는 사람을 가려내는 과정은 마치 전 세계적으로 흥행에 성공한 영화 '오징어 게임'과도 같다. 다섯 명을 모아놓고 한 명씩 한 명씩 덜어내고 마지막 남은 사람에게 우승의 엄청난 행운을 부여하는 방식이다. 윌리 웡카는 그런 방법으로 '가장 덜 못된 애'를 골라내 그에게 초콜릿 공장을 물려줄 심산이었다. 그런데 '가장 착한 애'가 아니라 왜 하필 '가장 덜 못된 애'였을까? 웡카는 최고의 미덕을 믿지 않았기 때문이다.

이 영화를 보고 전 세계적으로 문제 아동의 모습은 어쩌면 그렇게 비슷한지 신기하다는 생각이 들었다. 입에 초콜릿을 잔뜩 묻히고 무작정 초콜릿 먹기에 혈안이 된 아이, 부모를 찜쪄먹고 모든 걸 자기 멋대로 하려는 망나니, 누구든 이길 수 있다고 생각하는 오만방자한 아이, 자기 두뇌를 과신하는 해킹 소년. 그들은 아이들이었지만 탐욕과 허영, 거짓과 위선의 상징이었다. 그들 사이에 낀, 가족을 먼저 생각하는 찰리 버켓은 오히려 부조화스러워 보이기도 했다. 어찌 보면 웡카는 찰리를 제외한 그런 문제적 아이들이 초콜릿과 관련된다는 것 자체를 막고 싶었을지도 모른다.

이 영화에서 가장 인상적이었던 것은 공장 견학 스토리 앞에 전개되는 인도 왕자의 초콜릿 궁전이었다. 왕자의 부탁을 받은 웡카는 초콜릿으로 벽돌을 만들어 쌓고 초콜릿 조각으로 장식한 궁전을 지었다. 상상만 해도 그 진한 초콜릿 향에 취해버릴 것 같다. 왕자는 만족했지만 그것도 잠시, 더운 계절이 오니 궁전은 다 녹아버리고 말았다. 왕자는 다시 웡카를 찾았지만 그는 왕자의 부름에 응하지 않았다.

작가는 왜 전체 줄거리와 상관 없어 보이는 이 이야기를 영화 앞부분에 넣은 것일까? 아무리 초콜릿을 좋아하는 사람이라도, 초콜릿으로 무엇이든 할 수 있는 재력과 권력을 가진 사람이라도 온도가 높아지면 초콜릿이 녹는다는 그 자연 현상을 거부할 수는 없다는 걸 말하고 싶었던 걸까? 아무리 잘난 사람도 순리를 거스르면 안 된다는 메시지를 전하고 싶었던 걸까? 또 웡카라는 주인공의 캐릭터를 한 마디로 밝히기 위해서였을까?

공장 견학 과정 중 가장 먼저 도달한 곳은 초콜릿이 샘처럼 솟아나고 폭포로 거품을 내는 초콜릿의 강이었다. 그야말로 평생 먹을 초콜릿을 실컷 다 먹을 수 있는 곳이었다. 웡카는 아이들과 보호자들에게 그곳에 있는 초콜릿을 실컷 맛보라고 권한다. 하지만 이로부터 위기가 시작된다. 생각해보니 초콜릿을 '실컷' 먹는다는 것은 참 바보 같은 짓이다. 초콜릿은 입안에서 녹여가며 천천히 맛을 음미하는 게 좋을 듯한데 허겁지겁 실컷 먹으라니…. 이는 초콜릿 시식을 권하는 것이 아니라 탐욕을 부추기는 함정과도 같았다. 물론 그 함정에 빠져든 어리석은 아이가 있었다. 첫 번째 탈락자였다.

사람들은 자신의 결핍을 만회하기 위해 뭔가를 도모하는 경우가 많다. 범죄자 부모 아래서 자라난 아이가 성직자가 되고 병으로 고생하는 사람 사이에서 자란 아이가 의사가 되는 식이다. 웡카는 어린 시절 초콜릿과 관련된 결핍의 트라우마가 있다. 치과 의사인 아버지는 초콜릿이나 사탕을 '이를 썩게 하는', '알레르기를 일으키는' 쓰레기로 취급했다. 한 조각만 먹게 해달라는 웡카의 부탁에도 불구하고 아버지는 그 과자들을 벽난로에 쓸어 넣어버렸다. 그런 쓰라린 트라우마가 웡카로 하여금 커다란 초콜릿 공장을 만들게 했을지도 모른다.

어린 웡카가 난생 처음 먹어본 초콜릿은 그 벽난로에서 찾은, 타다만 공 모양 초콜릿이었다. 그 맛에 취한 웡카는 이후 초콜릿 광이 되었다. 아버지는 물론 그 누구도 말리지 못할 만큼 초콜릿을 사랑했다. 하지만 최고급 시설에서 만들어지는 그의 초콜릿에는 빠진 것이 하나 있었다. 사랑. 특히 가족 간의 사랑의 감정이었다. 그는 가족의 사랑이라는 최고의 미덕을 신뢰하지 않았던 것이다. 가족과 함께가 아니라면 초콜릿 공장 물려받는 것도 포기하겠다는 '이해할 수 없는 아이' 찰리 버켓을 만난 후로 그는 고민에 빠졌다. 그리고는 서서히 '사랑 없이는 초콜릿도 없다'라거나 '내가 병 드니까 병든 초콜릿을 만드는 것'이라는 점을 깨닫기 시작한다.

가족을 돕기 위해 웡카가 발행한 골든 티켓을 팔고 자신의 기회를 포기하려 했던 찰리에게 할아버지가 이렇게 말했다.

"돈은 세상에 흔하디 흔하다. 하지만 그 마지막 골든 티켓은 세상에 단 한 장밖에 없다. 왜 그 흔한 것을 얻기 위해 단 한 장밖에 없는 귀한 것을 포기하려고 하니?"

어찌 보면 그 할아버지의 말을 듣고 찰리가 택한 것은 더 큰 가족의 사랑이었을지도 모른다. 세상의 그 무엇보다 더 귀한, 하나밖에 없는 것은 가족의 사랑인지도 모른다. 사랑과 초콜릿, 그 중 무엇이 먼저일까? 이건 참 어리석은 질문이다. 사랑이 들어 있지 않은 초콜릿은 진정한 초콜릿이 아니기 때문이다. 초콜릿과 함께 전해지는 사랑은 우리에게 초콜릿 못지않게 달콤한 삶을 보장하게 될 것이니 말이다.

Chapter 4

초콜릿을 넘어선 초콜릿 요리

음식을 먹을 때 우리 몸에서 어떤 기관이 가장 먼저 반응할까? 대개의 경우 코로 냄새를 느끼고 눈으로 감상하고 그 다음에야 음식을 입안에 넣어 혀를 동원하게 될 것이다. 때로는 바삭한 소리 등으로 음식의 맛이 귀를 자극할 수도 있다. 하지만 음식의 맛을 느끼는 가장 빠른 두뇌 활동은 선입관이 아닐까? 초콜릿에 대해 가장 심한 선입관은 그것이 디저트라는 것이다. 그러나 초콜릿의 변신은 끝이 없고 초콜릿에 잘 어울리는 음식은 수없이 많다. 물론 초콜릿 요리를 제공하는 음식점 찾기는 쉽지 않다. 그렇다면 집에서 만들면 어떨까? 무엇보다 나와 내가 사랑하는 사람들의 입맛과 취향에 맞출 수 있다. 그래서 손수 만든 초콜릿 요리는 단순하더라도 훨씬 강렬한 맛을 우리에게 선사한다. 특별한 날, 사랑하는 사람과 함께 나누는 초콜릿 요리라면 초콜릿보다 훨씬 더 달콤하고 훨씬 더 황홀하게 우리를 사로잡을 것이다.

당신과 나, 우리 둘만의 기념일

100일 기념일, 500일 기념일, 결혼 기념일.
아니, 서로 사랑하는 우리에게는 매일 매일이 기념일이지요.
당신과 함께 하는 이 시간은 지나가면 다시 돌아오지 않을
소중한 순간이니까요.
당신의 눈을 바라보고 당신의 소리에 귀를 기울이는 이 순간,
우리는 사랑의 심연으로 빠져듭니다.
뜨거운 초콜릿에 퐁당 빠지는 과일처럼, 마쉬멜로우처럼…

⑥ 초콜릿 퐁듀

| 재료 |

치즈(카망베르, 고르곤졸라,

에멘탈 등 덩어리 치즈),

마쉬멜로우,

딸기,

파인애플 등 다양한 과일 약간,

코팅용 초콜릿

| 만드는 방법 |

- 과일은 깨끗이 씻은 후 물기를 없앤다.
- 치즈, 과일, 마쉬멜로우 등을 한입 크기의 육면체로 잘라 꼬치에 끼워둔다. 딸기는 통째로 꼬치에 끼운다.
- 코팅용 초콜릿을 그릇에 담아 전자렌지에서 30초 정도 가열한다.
- 녹은 초콜릿을 잘 저은 후 다시 전자렌지에 넣고 30초 동안 가열한다.
- 한꺼번에 오랫동안 가열하면 타버릴 수 있으니 초콜릿의 상태를 확인하며 완전히 녹인다.
- 꼬치에 끼운 재료를 녹은 초콜릿에 묻힌다.
- 재료 전체 크기의 70~80%에만 초콜릿을 묻히는데 두 번 정도 담궜다 빼면서 고르게 초콜릿이 묻도록 한다.
- 초콜릿 흘러내리는 것이 멈추면 접시에 옮겨 담는다.
- 초콜릿에 직접 담그면서 먹는 것도 좋다.

사랑 고백하는 설레는 날

말로 고백하지 않아도 우리는 서로 사랑한다는 것을 알고 있어요.
하지만 우리는 굳이 사랑을 말합니다. 우리 서로 그 말을 듣고 싶기 때문이에요.
사랑의 고백은 여러 번 할수록 좋아요. 그만큼 서로의 마음을 설레게 하니까요.
사랑 고백하는 그 자리, 두근거리는 가슴을 진정시키는 데는
달지 않은 초콜릿 토스트가 어울리겠지요.

◎ 과일을 곁들인 초콜릿 토스트

| 재료 |

두께 5cm 정도로 자른 식빵,

코팅용 초콜릿,

바나나·키위·딸기 등 곁들일 과일,

아이스크림

| 만드는 방법 |

- 퐁듀 만들 때처럼 초콜릿을 녹인다.
- 단 맛을 좋아하지 않는다면 다크 초콜릿을 이용하는 것이 좋다.
- 녹은 초콜릿에 잘라놓은 식빵을 담근다.
- 식빵을 위아래로 뒤집으면서 초콜릿을 고루 묻힌다.
- 취향에 따라 식빵 겉에만 코팅되도록 묻혀도 된다.
- 초콜릿에 담갔던 식빵을 접시에 담고 그 위에 아이스크림을 얹는다.
- 준비한 여러 가지 과일을 곁들인다.

가장 아름다운 생일

우리가 이 세상에 태어난 날만큼 아름다운 날이 또 있을까요?

우리가 이 세상에 태어났기에 이 신비로운 만남과

황홀한 사랑이 이루어질 수 있었지요.

아주 옛날부터 정해져 있었고 태어나는 그 순간부터 시작된

우리의 인연은 신의 선물입니다.

신이 인간에게 초콜릿을 선물한 것처럼 나에게는 당신을 선물한 거죠.

⑥ 초콜릿 소스를 얹은 스테이크

| 재료 |

소고기(갈빗살),

초콜릿 소스,

소금,

후춧가루,

허브(바질, 로즈마리, 애플민트, 딜 등)

| 만드는 방법 |

- 반듯하게 모양잡은 소고기 갈빗살에 소금, 후춧가루를 뿌려 양념한다.
- 두터운 팬을 달구어 고기 겉면을 구운 후 다시 오븐에서 익힌다.
- 구운 고기를 가지런히 썰어 갈비 위에 얹고 숟가락으로 초콜릿 소스를 떠서 끼얹는다.
- 고기 위에 다진 허브로 장식한다.
- 아스파라거스, 당근, 마늘 등을 구운 것 혹은 감자, 고구마 으깬 것 등을 곁들여도 좋다.

술이 있어 더욱 황홀한 초콜릿 파티

초콜릿 안에 술이 들어 있는 초콜릿 봉봉을 맛본 적이 있나요? 혀에 닿는 달콤쌉싸름한 맛으로 시작하여 향긋한 술의 향이 코끝까지 번지는 황홀한 맛의 초콜릿 봉봉. 그 하나만 봐도 초콜릿과 술이 얼마나 잘 어울리는지 알 수 있지요. 더구나 적당한 술은 파티의 분위기를 더욱 무르익게 해줍니다. 초콜릿이 준비된 파티에는 어떤 술이 어울릴까요? 코냑이나 아르마냑 같은 브랜디, 위스키, 버번, 럼 같은 증류주는 초콜릿의 매력을 돋보이게 합니다. 달고 도수가 높은 와인도 초콜릿과 잘 어울리는 술입니다. 초콜릿 향의 음미를 방해하는 차가운 샴페인은 피하는 게 좋지만 프랑스 사람들은 샴페인 안주로 초콜릿을 즐기기도 합니다.

이제 초콜릿과 그에 어울리는 술이 준비되었으니 파티를 함께 즐길 사람과 만남을 약속하는 일만 남았습니다. 누구를 초대하면 좋을까요? 초콜릿 파티를 나누고 싶은 사람, 지금 당신 머릿속에 떠오르는 사람, 그 사람도 당신의 초대를 기다리고 있을 것입니다.

● 참고 문헌

〈달콤쌉싸름한 초콜릿〉, 라우라 에스키벨, 권미선 옮김, 민음사, 2004

〈작고 이상한 초콜릿 가게〉, 베스 굿, 이순미 옮김, 서울문화사, 2020

〈초코홀릭〉, 돔 램지, 이보미 옮김, 시그마북스, 2017

〈초콜릿〉, 소피 D. 코·마이클 D. 코, 서성철 옮김, 지호, 2000

〈초콜릿〉, 에베르 로베르·카트린 코도롭스키, 강민정 옮김, 창해, 2000

〈초콜릿〉, 이영미, 김영사, 2007

〈초콜릿 도넛〉, 트래비스 파인, 배정진 엮음, 열림원, 2014

〈초콜릿 세계사〉, 다케다 나오코, 이지은 옮김, AK Trivia Book, 2017

〈초콜릿어 사전〉, 가가와 리카코, 이지은 옮김, AK Trivia Book, 2018

〈초콜릿의 기적〉, 윌 클라워, 정지현 옮김, 클라우드나인, 2015

〈초콜릿의 지구사〉, 사라 모스·알렉산더 바데녹, 강수정 옮김, 휴머니스트, 2012

〈초콜릿 이야기〉, 정한진, 살림, 2006

〈초콜릿 한 조각〉, 얍 터르 하르, 유동익 옮김, 다림, 2017

〈카카오와 초콜릿 77가지 이야기〉, 김종수, 한울, 2016

〈포레스트 검프〉, 윈스턴 그룸, 정명목 옮김, 미래인, 2019

〈Charlie and the Chocolate Factory〉, Roald Dahl, Puffin Books

〈Chocolate〉, Joanne Harris, Doubleday Canada, 1999

〈Forrest Gump〉, Winston Groom, WSP, 1986

〈Mast Brothers Chocolate〉, Rick Mast·Michael Mast, Little, Brown and Company, 2013